現場がわかる！
電気測定入門
―ハカルと学ぼう！測定のキホン―

宮田 雄作 著

Ohmsha

本書を発行するにあたって，内容に誤りのないようできる限りの注意を払いましたが，本書の内容を適用した結果生じたこと，また，適用できなかった結果について，著者，出版社とも一切の責任を負いませんのでご了承ください．

本書は，「著作権法」によって，著作権等の権利が保護されている著作物です．本書の複製権・翻訳権・上映権・譲渡権・公衆送信権（送信可能化権を含む）は著作権者が保有しています．本書の全部または一部につき，無断で転載，複写複製，電子的装置への入力等をされると，著作権等の権利侵害となる場合があります．また，代行業者等の第三者によるスキャンやデジタル化は，たとえ個人や家庭内での利用であっても著作権法上認められておりませんので，ご注意ください．

本書の無断複写は，著作権法上の制限事項を除き，禁じられています．本書の複写複製を希望される場合は，そのつど事前に下記へ連絡して許諾を得てください．

出版者著作権管理機構
（電話 03-5244-5088, FAX 03-5244-5089, e-mail: info@jcopy.or.jp）

JCOPY ＜出版者著作権管理機構 委託出版物＞

はじめに

　今日も、現場にハカルくんの元気な声が響きます。「せんぱーいっ!! 電圧 0V を確認しましたから、作業始めてください」
　ちょっと待って!! ハカルくん!!
　もし、測り方が間違っていたり、機器の故障があったり、勘違いがあれば、感電事故になります。測定器に「電圧 0V」って表示されたからって、それをそのまま読み上げていいでしょうか？
　決して、「測定器を信じてはいけない」と言っているわけではありません。「その測定器が表示した値には原因がある」と言いたいのです。
　交流電圧 100V が発生しているはずなのに、「電圧 0V」と表示された理由を、いくつ想像できますか？ 10 個ぐらい思いつくでしょうか？測定器が起因することもあるし、測定対象物が起因することもあります。
　それらの想定した理由を一つずつ検証していくことで、真の原因を追求できます。
　そんなむずかしいこと、できないよ。
　その通りです。現場で経験を積まなければ、わからないこともあります。勘どころを身につけることは重要なことです。とは言え、それは何度か危険な経験をしなければ身につかないというものではありません。
　本書では、「原理原則」を主に説明しています。測定器の操作や知識だけではなく、もう一歩「なぜ？」と質問して、測定原理を説明しています。原理原則までさかのぼり原因追求すれば、原因を想像する質も、検証方法の質も、格段によくなります。そして、初めて経験した現場の問題に対しても応用できるようになります。
　原理原則を理解して、現場で実践することが、スキルアップの近道だと考えます。
　最初は理解できないこともあるかもしれませんが、それでもくじけずに、読み進めてください。全体像が見え始めると、その理解できなかったこともわかるようになります。そのときが、原理原則を理解し始めた瞬間だと思います。
　本書が現場の助けになることを切に願っています。
　さぁ、準備ができました。
　ハカルくんと一緒に、「測定道」を精進しましょう!!

2019 年 7 月

　　　　　　　　　　　　　　　日置電機株式会社　宮田 雄作

目次

第1章 電気測定器　基礎の巻①

- ❶ 失敗しない測定器の選び方 ……………………………………… 8
- ❷ 絶対守る！測定の安全 …………………………………………… 12

－テスタ編－
- ❸ コンセントをハカル ……………………………………………… 16
- ❹ ブレーカをハカル ………………………………………………… 19

－クランプ電流計編－
- ❺ クランプ電流計のしくみを知ろう！ …………………………… 22
- ❻ クランプ電流計でハカル ………………………………………… 25
- ◆ コラム①：太陽光発電（PV）における測定 …………………… 28

第2章 電気測定器　基礎の巻②

－絶縁抵抗計編－
- ❼ 絶縁抵抗ってナンだ？ …………………………………………… 30
- ❽ 絶縁抵抗測定の原理を知ろう！ ………………………………… 33
- ❾ 絶縁抵抗をハカル ………………………………………………… 36

－接地抵抗計編－
- ❿ 接地抵抗測定の原理を知ろう！ ………………………………… 39
- ⓫ 接地抵抗をハカル ………………………………………………… 43
- ⓬ 補助接地棒を差せない場合は… ………………………………… 47

－その他の測定器編－
- ⓭ 漏れ電流をハカル(漏れ電流計) ………………………………… 51
- ⓮ モータの回転方向をハカル(検相器) …………………………… 55
- ⓯ 表示をしないのにハカル？(検電器) …………………………… 59
- ⓰ 照度をハカル(照度計) …………………………………………… 63
- ⓱ 照度をモットハカル ……………………………………………… 67

第3章 電気測定器 レベルアップの巻

- ⓲ 交流と直流を意識しよう！ ……………………………………… 72
- ⓳ －テスタ編－ 測定器のしくみを知ろう！ …………………… 76
- ⓴ －クランプ電流計編－ クランプ電流計のしくみを知ろう！ … 80
- ㉑ 測定誤差ってナンダ？ …………………………………………… 84
- ㉒ 正しくハカルための校正 ………………………………………… 88
- ◆ コラム②：スマホ活用で変わる現場計測 ……………………… 92

第4章 電気測定器 ケーススタディの巻

㉓ ケーススタディ①　―検電器・テスタ編― …… 94
- 1 ブレーカを落としたのに、検電器が動作する …… 95
- 2 100V回路が100Vにならないわけ …… 96
- 3 電圧測定で火花が出た！ …… 97
- 4 プローブの断線 …… 98

㉔ ケーススタディ②　―クランプ電流計・漏れ電流計編― …… 99
- 1 クランプが入らない …… 99
- 2 閉じないクランプ …… 101
- 3 フォーク型クランプの注意点 …… 102
- 4 漏れ電流が出ない！ …… 103
- 5 漏れ電流計はクランプ電流計になる？ …… 104
- 6 実効値方式と平均値方式の違い …… 105

㉕ ケーススタディ③　―絶縁抵抗計編― …… 106
- 1 漏電ブレーカが落ちても正常？ …… 106
- 2 漏電ブレーカが作動しない！ …… 108
- 3 止まらない絶縁抵抗値！ …… 109
- 4 試験電圧を間違えると・・・ …… 110
- 5 絶縁抵抗計で感電！ …… 111
- 6 絶縁抵抗一括測定でわかること …… 112

㉖ ケーススタディ④　―接地抵抗計編― …… 113
- 1 接地抵抗値がふらつく・・・ …… 113
- 2 補助極の直線距離が取れない！ …… 114
- 3 補助接地棒の順番が違う！ …… 116
- 4 E－P－C？？　E－S－H？？ …… 117
- 5 P、C端子が用意されている場合 …… 118
- 6 補助接地棒の深さ …… 119
- 7 2電極法で低抵抗を測定 …… 120
- 8 接地網の使い方 …… 121
- 9 タフな現場に防塵・防水仕様 …… 122

◆ コラム③：習慣付けよう！始業前点検 …… 123

イラスト：川崎ショーエイ（TINAMI）

登場人物

真田 ハカル
新人電工。電気を測ることが大好きになってしまった。

幸村 サナエ
真田ハカルの先輩電気工事士。ハカルたちに測定の基本を教える。

稲垣 サクラ
真田ハカルの同期電工。ハカルと一緒に学んでいる。

ドクターミヤータ
ハカル君、サクラさんを陰ながら応援する電気測定の専門家で作者。

第1章

電気測定器──
基礎の巻①

第1章 電気測定器 基礎の巻①

① 失敗しない測定器の選び方

　念願の電気工事士になった真田ハカルくん。伝説の電気工事士になってやると意気込みはいいんですが、勇み足にならないことを願います。
　・・・と思ったらさっそく、先輩電気工事士、幸村サナエさんと一悶着(もん)があります。

幸村サナエ：電気工事士、受かったってね。合格おめでとう。

真田ハカル：これで仕事ができる！さぁ、すぐに現場に行けるぞ！！

サナエ：・・・まさか手ぶらで行くわけ？？

ハカル：ん？電工工具なら持ってるぞ。電気工事士試験でそろえたものが。

サナエ：ふん、それだけじゃあ何にもできないよ。素人(しろうと)はこれだから困るんだから。

ハカル：なぬ！！

サナエ：自分の名前を見直してみるのよ。

ハカル：ハカル、はかる、測る・・・測るっ！！

サナエ：そもそも測定器を持ってるの？？

ハカル：試験には出ていたけど見たこともない。測定の実技試験もないし。何を買えばいいんだろう？？

最初のお題は「測定器を揃(そろ)える」。これらが最低限必要な測定器だ

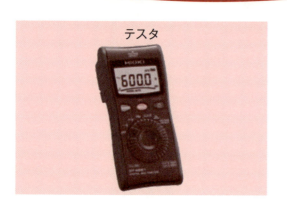

テスタ

　電圧、**電流**、**導通**などが測定できる。電流測定は、操作を間違えると危険なので、クランプ電流計を使うことが多い。
（第1章③④⑤参照）

絶縁抵抗計

　通称メガーとも呼ばれる。その名のとおり、**絶縁抵抗**を測定する。
（第1章⑦⑧⑨参照）

クランプ電流計

電線の被覆の上から挟むだけで、**電流**を安全に測定できる。
(第1章⑤⑥参照)

接地抵抗計

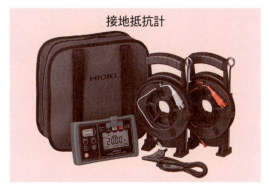

竣工検査で必要。測定方法の難易度は高いが、電気工事士にとって必須の測定器である。その使い方をぜひマスターしたい。
(第1章⑩⑪⑫参照)

テスタの売り場に行くと、同じような測定器がたくさん並んでいます。価格帯もさまざまです。どんな観点でテスタを選べばいいでしょうか？？

これから電気工事を生業(なりわい)にするなら、プロの道具として測定器を揃えたいものです。テスタを例にとって、選び方を説明します。

◆テスタ選定ガイド◆

1．測定項目

　電圧・導通：テスタに必ず付いている機能。

　電流：操作を間違えると安全性に問題があるため、付いていないテスタもあります。クランプ電流計に任せることが多いです。

何を測定するか確認しましょう

2．測定範囲

　電圧なら600Vまで測定できるものが多いです。ポケットサイズのテスタならもう少し低いですが、三相3線200Vのような電路でも十分測定できます。太陽光発電システムを測定する業務では、直流電圧の測定範囲にも気をつけましょう。

3．安全性能

　安全性能も非常に重要です。（くわしくは「第1章②絶対守る！測定の安全」参照）

4．平均値／実効値表示

　きれいな正弦波しか測定できない**平均値表示**と、歪んだ波形も測定できる**実効値表示**があります。

　実効値表示のほうが高額になります。現場では、必ずと言っていいほど電流波形は歪んでいます。よって、電流測定は実効値表示が必須です。　（くわしくは第1章コラム①参照）

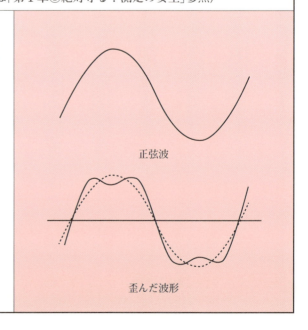

正弦波

歪んだ波形

プロの道具として最低仕様

① 交流電圧、直流電圧、導通
② 400V 以上
③ CATIII [※1] 300V 以上
④ 電流測定は真の実効値

　その他の機能は必要に応じて考慮しましょう。抵抗測定、容量測定、ダイオード、検電機能などがあります。先輩の話を聞いて、使いやすい道具を揃えましょう。

①クランプ電流計

　クランプ電流計には、交流のみ、交流・直流両用、漏れ電流用があります。太陽光発電システムの測定をするなら、交流・直流両用を選びましょう。

　電流波形は必ずと言ってもいいほど、きれいな正弦波はありませんので、実効値表示を選びます。

②絶縁抵抗計

　絶縁抵抗計を選択するときの視点は、二つあります。

　一つ目は、アナログメータかデジタルメータです。アナログメータは表示が速いので人気があります。最近のデジタルメータも高速安定になり、アナログメータと遜色ない機能を持っています。

　二つ目は測定電圧です。試験電圧125V、250V、500Vの3レンジが一般的です。通信系を試験するならさらに低圧、あるいは逆に1 000Vレンジを持つ測定器もあります。

③接地抵抗計

　接地抵抗計は3電極法[※2]で測定できるものを選びます。補助接地棒や測定ケーブルが一式セットになっています。

※1　CAT：安全に関する規格で定められたクラス分けで「測定カテゴリー」という（くわしくは「第1章②絶対守る！測定の安全」参照）。
※2　3電極法：くわしくは「第2章⑩接地抵抗測定の原理を知ろう！」参照。

2 絶対守る！測定の安全

　ハカルくんは測定器を買おうとするのですが、現場をイメージできていないので、まだ迷っているようです。先輩のサナエさんは少々厳しく、ハカルくんが気づいていなかった重要な視点を伝授します。

サナエ：どう、測定器は買った？？

ハカル：正直迷っています。いろいろありすぎて。

サナエ：一番大事なことはなんだと思う？

ハカル：前回、電気工事士に必要な測定器の性能はわかったけど・・・。

サナエ：それで？

ハカル：現場でどんなときに使うのか、イメージできなくて。

サナエ：安全を確認せずに工事を始める人はいる？

ハカル：安全？そんなのブレーカを落とせば安全でしょ。

サナエ：ばっかも～ん！そんな素人は現場に連れて行かないよ。

ハカル：だって電気なんか目に見えないし。

サナエ：また言わせるの？自分のな・ま・え！！

ハカル：ハカル、はかる、測る、、、測るっ！！　安全のために？

サナエ：そう、安全のために測る。自分で自分の命を守りなさい！

ハカル：（反省）

サナエ：だから、測定器を正しく使えなければならないし、よく手入れしなければならないのよ！

測定器は工事した箇所を試験・確認するためだけのものとよく考えられます。もちろんそれは大切なことですが、それだけではありません。

測定器を使えば、正しく電気工事ができていることを確認できます。作業前に危険な電圧がないか確認し、安全を確保することもできます。安全なくして良い仕事はできません。測定器を正しく使えることと、いつでも使えるように整備しておくことが重要です。そして何よりも、**使用者にとって測定器そのものが安全かどうか**も気にかけなければなりません。その目安になるのが規格です。

1. 安全の規格ってなーに？

メーカーが好き勝手に製品を作ったとします。「自社製品は安全だ」「しっかり評価試験しています」「素晴らしい性能だ」と声を上げても、みんなが認める基準がなければ絵に描いた餅です。そこで工業規格、日本の場合JISがあります。身近な例ですと、どこの鉛筆メーカーのHB鉛筆を買っても同じ芯の硬さです。JISで芯の硬さが決まっているからです。

同じように、電気測定器もJIS C 1010-1という規格があります。この規格で、作業者が安全に測定器を使用できるように、設計方法、評価試験などが事細かく決められています。

計測器の取扱説明書を開いて、仕様書を見てみましょう。必ず適合規格という欄があって、EN61010などと書かれています。

これは、JISと同等のヨーロッパ版規格ENに適合している、ということを示しています。つまり、規格に書かれたルールに従って設計し、評価試験に合格しましたよ、ということです。

ちょっと踏み込んで説明しましたが、プロの

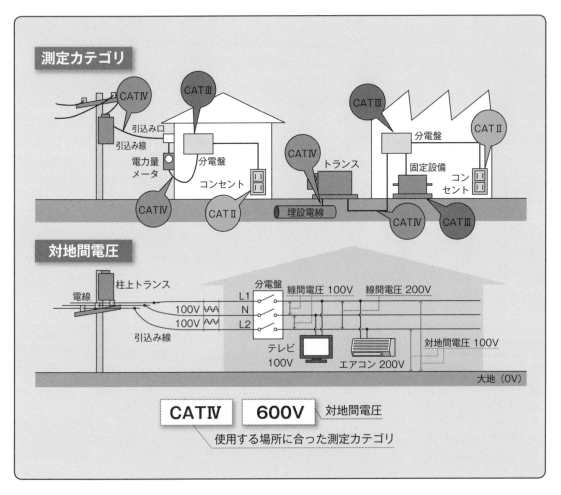

工事士たるもの、規格に適合した測定器を使うのは当然です。

2. 安全規格から測定器を選定する

測定器の端子部分やプローブに、測定していい場所と測定範囲が書かれています。例えば「CATIII 600V」（読み方：キャット・スリー）と表記されています。これも前述のJISで規定されています。

まず、「CAT○○」は測定していい場所を示します。いつも正常な電圧だけがあるわけではなく、測定中に雷のような突発的に予測できない大きな電圧が発生することがあります。このとき測定器が壊れて、あなたは感電するでしょうか？それとも測定器はあなたを守ってくれるでしょうか？

場所により、発生するエネルギーの大きさが違うので、それをカテゴリー（Category）分けしています。略称CAT（キャット）です。

また現場に適した性能を盛り込んだ測定器もあります。例えば、防塵防水（IP性能というレベルがある）やドロッププルーフ（落下に対する強度。これもレベルがある）などです。測定器の仕様書に書かれていますので、よく理解して使ってください。間違った使い方をすると安全を損ないます。

そして、もう一つ大事なことがあります。測定器の日ごろの手入れです。せっかく良い安全性能の測定器を持っていても、雑に使用したり、点検を怠ると、もちろん壊れます。測定器は、見えない電気を見えるようにして、安全を確認できる最後の砦です。大切に使用しましょう。

日ごろの手入れが大切！

まとめ

手入れが行き届いた道具で、安全を確保することは電気工事士の基本。

第1章 電気測定器 基礎の巻①

3 ―テスタ編― コンセントをハカル

　現場に出る準備を着々と整えたハカルくん。準備万端と言いたいところですが、初めての現場で少々緊張気味です。勉強熱心なサクラちゃんも登場し、ハカルくんは俄然やる気が出ますが、空回りします。

ハカル：先輩、初めての現場をよろしくお願いします。

サナエ：そんなにカチコチになってどうするのよ。サクラちゃんを見習いなさいよ。

稲垣サクラ：私も十分緊張しています・・・。

サナエ：今までの知識を活かして自分の力を存分に出してちょうだい！！

ハカル，サクラ：ハイ！！

サナエ：それじゃあ、手始めにあのコンセントの電圧を測って来て。

ハカル：ええーと。テスタで・・・ええーと。

サクラ：大丈夫なん、ハカルくん？？

ハカル：だ、大丈夫・・・。

サクラ：落ち着かなアカンで。まずはテスタの電源。

ハカル：そ、それぐらい・・・。

テスタ：ピッ！

ハカル：せんぱーい。０Ｖです。

サナエ：ばっかもーん！！

サクラ：ハカルくん、ファンクション間違ってるで。

ハカル：へっ？？

> 「コンセントをハカル」です。基本中の基本的な測定ですが、落とし穴がたくさんあります。詳しく見ていきましょう。

　やっと現場に出られたのにハカルくんは測定器の操作を間違って、測定をしました。経験あるサナエさんが「０Ｖ」のはずがないと思い、注意してくれたからいいものの、ハカルくんの測定を信じて作業すると、サナエさんは感電の危険がありました。コンセントの電圧測定なんて間違えるはずがない、という思い込みは禁物です。

　些細なミスから大きな事故に結びつくことは、よくあることです。コンセントの電圧測定なんて、テスタのプローブを挿せばいいんでしょ？と思うかもしれませんが、やはりミスしやすいポイントがあります。

1．始業前点検
　測定器が故障していると安全性が損なわれますし、正しい測定ができません。始業前に測定器を点検する習慣を身につけましょう。

①本体に損傷がないか？
　もし、測定器本体にひびや割れがあれば使用してはいけません。損傷がない状態なら安全規格が満たされていますが、ひびや割れがあるなら、測定中にそこから危険な電圧が漏れて感電するかもしれません。

②電池残量は十分か？
　電池残量が少なければ、正しく測定値を表示することができません。デジタルの測定器なら、電池残量ゲージに表示されています。

③プローブに損傷がないか？
　プローブの被覆が破れて金属が見えていると、感電の恐れもあり非常に危険です。このようなプローブを使用してはいけません。

　また、断線したプローブを使用したり、プローブを測定器にしっかりと挿していなければ測定できません。簡単にプローブの断線をチェックする方法があります。テスタを導通ファンクションに設定して、プローブショートします。もし導通が確認できればプローブが断線していないとわかります。

2．コンセントの電圧を測定
　テスタでコンセントの電圧を測定していきます。家庭用コンセントなら、測定カテゴリはCATⅡです。（「第1章②絶対守る！測定の安全」参照）電圧は100Vか200Vですので、CATⅡ300V以上の測定器が必要です。電気工事用に購入したテスタなら、CATⅡ300Vを満足しないことはないと思いますが、一応確認してください。

　測定カテゴリは、測定器本体の端子部だけではなく、プローブの先にも書かれています。最近のプローブは、先にキャップが被さっています。

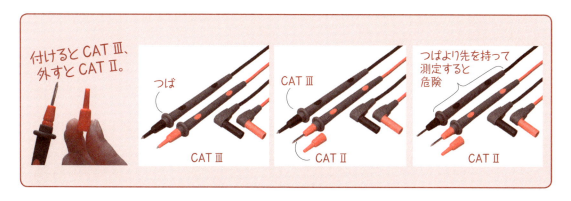

第1章 電気測定器 基礎の巻①

キャップを付けるとCATIII、外すとCATIIになります。このキャップは短絡事故を防止するためのものです。

コンセントはCATIIですので、キャップを外して測定しても問題ありません。

プローブの持ち方も覚えておきましょう。プローブの先と持ち手部分の間に、「つば」があります。つばは飾りではなく、それより先を持って測定すると、危険であることを表しています。

コンセントの電圧は交流ですので、テスタのファンクションを交流電圧（$\overset{\frown}{\mathrm{ACV}}$）にします。直流電圧（$\overset{=}{\mathrm{DCV}}$）ファンクションなら、交流を測定することができず、0Vと表示されます。冒頭でハカルくんが測り間違ったのは、この理由からです。

さて、正しく測定できたでしょうか？？交流電圧を測定しているので、赤と黒のプローブをどちらのコンセントの穴に挿しても結果は同じです。直流電圧、例えば電池電圧を測定するときは、プローブを入れ替えて測定すると、測定値の符号が逆になります。

「100.0V」と表示されたときに、この数字はどれだけ正しいでしょうか？ 小数点以下の数字まで表示されて、高精度に測定していると思うかもしれませんが、測定値には誤差というものがあります。つまり「100.0V」と表示されていても「101.0V」かもしれないし「99.0V」かもしれないということを覚えておいてください（詳細は「第3章㉑測定誤差ってナンダ」参照）。

最後に、禁止事項を1つ紹介します。それは、テスタのファンクションを間違って、電流ファンクション（交流、直流に関わらず）や、抵抗ファンクションに設定して、電圧測定することです。ブレーカが作動するか、測定器が壊れるか、測定器のヒューズが切れます。コンセント電圧のような初歩的な測定でも危険があります（その理由については「第3章⑲測定器のしくみを知ろう！」参照）。

電流はテスタではなく、クランプ電流計で測定することが多いので、最近のテスタには電流測定機能がないものがあります。うっかりミスをなくすことができる安全なテスタです。

まとめ

日ごろの小さな一つずつの動作が大切。良い習慣をつけて正しい測定ができるように心がけましょう。

4 ―テスタ編― ブレーカをハカル

　自分の測定器でコンセントの電圧を測定し、少々満足気なハカルくん。次はブレーカをハカルことに挑戦です。測定場所によって気をつけること、触れてはいけない危険な部分があることを学びます。

ハカル：先輩！測ることが楽しくなってきました。

サナエ：なによ、コンセントの電圧が測定できたぐらいで。

サクラ：そうやで、調子乗ってたらアカンで。

ハカル：いや、今はもっと測りたいのです！

サナエ：そんなに言うんだったら、ブレーカの電圧と電流を測ってみて。

サクラ：ハカルくんにとっては難題ちゃう？

ハカル：いや、コンセントと同じ方法でいけるはず。

サナエ：・・・。

ハカル：測定器の始業前点検は済ませました。

サクラ：その調子！！

ハカル：ブレーカは、CAT Ⅲ だから、この測定器でOK。プローブのキャップもOK。

サクラ：ほぉー、わかってるやん、ハカルくん。

ハカル：いざ！

> 前回のコンセントとは違い、
> 活線状態の金属部を
> 触れることがあり、危険度が増します。
> 正しい測定をしなければ
> 思わぬ事故につながります。

　少しずつ測定することを理解してきたハカルくん。ハカルくんはコンセントと同じ方法で、ブレーカを測定できると思っているようですが、サナエさんはそのように思っておらず心配そうです。実際に、電圧が上がること、触れることができる金属部があることなどコンセントとの違い、危険が増します。また、測定器に表示された値を信じるだけではなく、その値を見て正しく現象を見抜く力と経験が必要になります。しかし、それは簡単に身につけられる技術ではありません。一歩ずつ成長していきましょう。

第1章 電気測定器 基礎の巻①

1．テスタでブレーカの電圧をハカル

　ハカルくんは測定器の始業前点検の後に、CATの確認をしました。ハカルくん、ご名答。ブレーカはCAT IIIの測定箇所ですので、プローブの先端のみ金属が出た状態にしなければなりません。前回説明したように、プローブにキャップをかぶせます。通常の電気回路なら交流ですので、テスタのファンクションを交流電圧にすることも前回学んだとおりです。復習になりますが、決して電流や抵抗ファンクションで電圧測定をしないでください。

　まずブレーカの周りを見渡してください。端子やネジなどの金属がむき出しになっている場所もありますし、ブスバーのように危険な箇所があります。作業に集中することはいいことですが、測定箇所に集中しすぎると、周りの危険な箇所が見えないこともあるので注意しましょう。

　ブレーカには、通電している金属部を不用意に触れないようにするために、樹脂製の端子カバーがついています。端子カバーは測定用に穴が開いているので、そこにプローブを挿すことにより電圧が測定できます。

　ここで注意することがあります。プローブの口径より端子カバーの穴径が小さくて、しっかりとプローブが当たらないことがあります。こ

「端子カバーの穴径が小さい場合があるので注意」

のときは測定値が0Vになります。0Vと表示されたから安全と判断するのではなく、測定方法が正しいか、ほかの要因がないか考えるようにしてください。

　正しく測定するためには、端子カバーを外して測定しなければなりません。端子カバーを外すときに、金属部が指に触れる可能性があるので、絶縁手袋で防御することは当然です。

　測定器を片手に、2本のプローブをもう一方で持つ人がいますが、これは危険です。お箸を持つように、片手で器用に測定する方がいますが、プローブにキャップが付いて短絡しにくいと言えど、付け忘れるなどして危険なこともあります。1本ずつプローブを持って、両手で測

先輩、これはどういうことでしょうか？？

そう、わからなければ相談する

定することが基本です。

最近のテスタでは、マグネットで分電盤に貼り付けられる機能があります。

2．測定値について注意点

テスタで正しく測定しても、間違った値を表示することがあります。誘導電圧がその一例です。測定している配線は電圧がないのに、隣の配線からの誘導電圧が発生し、あたかも電圧があるように表示されます。特に内部抵抗が高いデジタルテスタで起きます。対処方法としては、アナログテスタで確認します。

また、最近のデジタルテスタでも内部抵抗が低い、電圧測定ファンクション（LoZ（ローインピーダンス）ファンクション）を持っていますので、そのファンクションならアナログテスタと同様の測定値を表示します。測定値は表示されるけど、実際は電圧がないという例です。

一方、逆の例として、インバータやモータのブレーカがあります。ブレーカを切っても大きなコンデンサ成分がある負荷ですので、充電されたままの場合があります。ブレーカを切ったので、0Vを期待して測定すると、予想外の電圧を測定し、実際、危険な電圧が残っている例です。

3．検電器による活線チェック

検電器はテスタのプローブのように金属部が出ていないため、間違って短絡事故を起こすことなく活線を確認することができます。活線に近づけると、光や音で警報が出ます。検電器は安全に活線を確認できるので便利ですが、過信は禁物です。隣の線に反応したり、誘導電圧で誤判定する場合があるからです。テスタで測定して、複合的に判断することが大切です（「第2章⑮表示しないのにハカル？（検電器）」参照）。

測定器はそれぞれの測定環境においては、正しい測定値を表示していますが、ほかの要因を照らし合わせると違った見え方をする場合がよくあります。一つずつそれらのことをよく考えて判断しましょう。その経験が電気工事士としての武器になっていきます。

検電器

まとめ

結果には必ず原因があります。測定した値をしっかり解釈し、正しく理解できるように心がけましょう。一つずつの経験が武器になります。

第1章 電気測定器 基礎の巻①

5 —クランプ電流計編— クランプ電流計のしくみを知ろう！

　ハカルくんは測定器を使えるようになり、見えない電気をハカルことにおもしろさを感じるようになりました。次のステップとして電流を測定します。まずはクランプ電流計とはどういうものか見ていきましょう。

ハカル：先輩、測定することが楽しくなってきました。

 サナエ：目に見えない電気を数字で表示してくれる機械が測定器よ。

サクラ：でもどんな道具でも正しく使わなあかんで。

ハカル：うん、そうそう、道具はいつでも使えるように手入れをすることも覚えました。

サクラ：それと、正しく測定しても、その値の解釈を間違えると、えらいことになるってこともあったね。

ハカル：だから、もっとハカル、ハカル、ハカルッ！！先輩、もっと経験を積みたいです。

 サナエ：ハカルくん、やる気だね！！それじゃあ今回は電流を測ろう！！

ハカル：電流測定って、テスタでやるのですか？？

 サナエ：テスタでもできるけど、通常はクランプ電流計を使うのよ。

サクラ：なんでかわかる？？ハカルくん？？

ハカル：うっ・・・。サクラちゃんこそ、わかっているの？？

サクラ：うーん？わかんない。

ここではクランプ電流計で電流を測定します。テスタでも測定できるのですが、安全性の理由から電力ラインにはほとんど使いません。その理由を知るため、まずはテスタの内部回路を勉強しましょう。

1．クランプ電流計を使う理由

　テスタで電流を測定することができますが、特別な理由がない限り使用することはありません。その代わりにクランプ電流計を使用します。その理由はテスタで電流を測定することは、安全性が損なわれるからです。

❺—クランプ電流計編—クランプ電流計のしくみを知ろう！

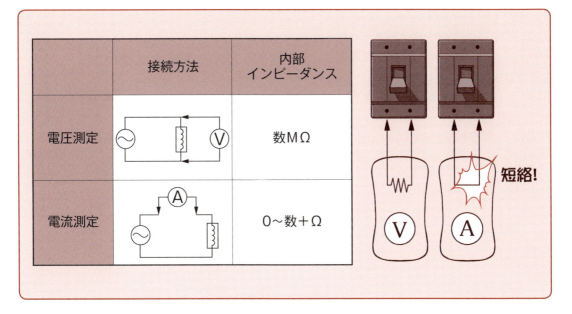

　まずはテスタによる電圧測定と電流測定の違いを見ていきましょう。テスタの中には電圧計と電流計が入っていて、電圧と電流を測定できます。電圧計も電流計も電気回路ですので、測定端子間には電気的な抵抗があります。「電圧計に抵抗がある」という表現は少し奇妙に聞こえるかもしれません。この抵抗は仕様では内部抵抗や内部インピーダンスとして書かれています。
　電圧計の理想的な内部抵抗は無限大、電流計の理想的な内部抵抗はゼロΩです。実際の測定器では、アナログテスタの電圧測定機能で数十kΩから数MΩ、デジタルテスタで数MΩから数十MΩです。電流測定機能の場合、数Ωから数十Ωです。
　電圧計と電流計の内部抵抗はこれだけ大きく異なります。ここでコンセントの電圧測定を考えてみましょう。電圧測定ファンクションなら内部抵抗は高抵抗ですので、問題ありません。しかし間違って電流測定ファンクションでコン

第1章 電気測定器 基礎の巻①

セントにプローブを接続すると、短絡することになります。このような操作間違いが起こることがあるため、テスタで電流測定をすることがなくなりました。

またもう一つの理由として、電流測定するには、電流計を直列に接続しなければなりません。コンセントに接続された電気機器の負荷電流を測定する例で説明します。まず電気機器の電源を切り、コンセントと電気機器の間に電流計を接続して、再び電気機器の電源を入れなければ電流を測定できないということになります。これから説明するように、クランプ電流計は非常に便利に安全に電流測定できることがわかります。

2．始業前点検

クランプ電流計の始業前点検として、センサ部に割れがないか確認してください。

割れがあると、危険な電圧が測定器内に入り込み、感電事故が発生する可能性があります。また、やむを得ず被覆の上ではなく、ブスバーなどの金属部をはさむときは、安全に留意してください。

3．クランプ電流計の使用方法

なぜ、クランプ電流計は電流を測定できるのでしょうか？？電線に電流が流れると、その周りに磁場が発生します。その磁場の大きさを測定したものを、電流換算して表示します。センサの中を貫通する電流のみ測定でき、周りの電流からの影響を受けにくいように設計されています。

負荷電流を測定するときによくある間違いがあります。例えば、単相の電流を測定するとき、電線を１本はさむでしょうか？２本はさむでしょうか？正解は１本です。単相の場合、２本の電線には負荷に行く方向の電流と、負荷から帰る電流が流れています。逆向きで同じ大きさです。センサの中をこれら二つの電流が貫通すれば、０Aになります。１本をはさんだ場合は、行きの電流または帰る電流のみ測定できます。

まとめ

今回は、なぜテスタの電流測定機能を使わず、クランプ電流計を使うのか説明しました。少し難しい内容でしたが、原理を知れば理解が深まります。

6 ―クランプ電流計編―
クランプ電流計でハカル

　ハカルくんたちもクランプ電流計の使い方を学びましたが、こんな便利な道具でも、やはり使い方を間違えると誤った測定値を表示します。どんな間違いが起こるかハカルくんと見ていきましょう。

ハカル：先輩、クランプ電流計が使えるようになって、カッコよくなった気がします。

サクラ：単純やなー、ハカルくんは。

サナエ：そうよ。いくら安全な測定だと言っても単純とは限らないわよ。

ハカル：でも、そんなの間違えようがないです。

サナエ：じゃあ、ここのブレーカで電流を測定してみてよ。

ハカル：えぇーっと、電線を1本だけはさんで・・・っと。

サクラ：どう？ハカルくん？？

ハカル：あれぇー？？
ほとんど0Aです。

サナエ：・・・・・。

ハカル：パソコンがつながっているから、0Aのはずがないのになぁ。

サクラ：なんでなん？？
サナエ先輩？？

サナエ：測定の方法も、測定値も間違っていないよ。

ハカル、サクラ：えぇ～っ！

クランプ電流計もテスタ同様、一筋縄では正しく測定できないことがあります。そんな例の中から、今回はクランプ電流計でよくある間違いを紹介します。順番に見ていきましょう。

1．通常のクランプ電流計は小さな電流を測定できない

　通常（負荷電流測定用）のクランプ電流計は、小さい電流を測定することができません。1A以下になってきますと測定誤差が大きくなるか、あるいは確度保証をしていない測定器もあります。詳細は測定器の仕様書をご覧ください。他方、大きな電流を測定することに長けています。

　ハカルくんはこのことで勘違いしました。

デスクトップパソコンの消費電流は0.5Aから1.5Aぐらいでノートパソコンでなら0.3Aぐらいです。パソコンがスリープ状態になると、ほぼゼロになります。

最近のデジタル機器は、スタンバイ時の消費電力がほぼゼロです。このような電流を測定すると、正しく測定しても0Aを表示します。

0Aと表示されて、負荷が何もつながっていないと判断することは間違いかもしれません。ブレーカを切ったとき、ノートパソコンなら内部バッテリーがあるから問題ないかもしれませんが、デスクトップの場合には、問題になります。

どうやれば、このような小さな負荷電流をクランプ電流計で測定することができるでしょうか？一つの方法は、漏れ電流用のクランプ電流計を使用することです。この測定器は1mAを正確に測定できます。

2．交流電流ファンクションで直流を測定できない

どのような測定器でも同じですが、ファンクションを間違えると正しい測定ができません。クランプ電流計も同じです。交流電流を直流電流ファンクションに設定して測定すると、0Aになります。また逆も同じです。

最近は、太陽光発電システムなどのように直流電流を測定する機会も増えていますので、交流と直流両方を測定できるクランプ電流計を使うことが多くなっています。一つの盤内に交流

と直流が混在していることがありますので、よく注意して測定しなければなりません。

3．直流電流を測定する場合、方向に気をつける

テスタで交流電圧測定をする場合、プローブを入れ替えても測定値は変わらないです。直流電圧測定なら、プラスマイナスが入れ替わります。

電流測定でも同様です。交流電流測定の場合、クランプをはさむ向きを逆にしても測定値は変わりません。

直流電流のとき、プラスマイナスが入れ替わります。直流が測定できるクランプ電流計は、センサに矢印が書かれています。電流の向きと矢印を合わせると、正しい測定ができます。

4．正確に測定するなら真の実効値タイプ

電流波形は当たり前のように歪んでいます。きれいな正弦波であることは珍しいです。歪んだ波形を正しく測定するには平均値タイプではなく、真の実効値タイプ（測定器本体に True RMS や TRMS と書かれている）を使います。

身近なものでも、例えば AC アダプタが消費する電流は、半波波形の場合があり、正弦波ではありません。このような機器やほかの電流波形のものが複数つながったブレーカでは、きれいな正弦波であるはずがありません。よって真の実効値タイプのクランプ電流計が必要になります。

5．漏れ電流用クランプ電流計

クランプ電流計で漏れ電流を測定する機会が多いです。詳細は別の回で説明しますが、今まで説明してきたように1本の電線をはさむのではなく、複数の電線をはさんで測定することだけは覚えておいてください（「第2章⑬漏れ電流をハカル（漏れ電流計）」参照）。

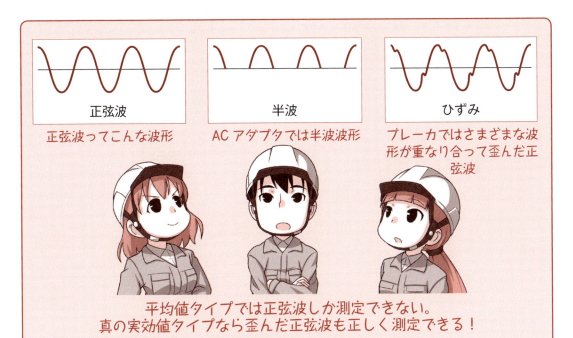

正弦波ってこんな波形　　ACアダプタでは半波波形　　ブレーカではさまざまな波形が重なり合って歪んだ正弦波

平均値タイプでは正弦波しか測定できない。
真の実効値タイプなら歪んだ正弦波も正しく測定できる！

まとめ

測定の注意点を一つずつ覚えることは大変ですが、なぜそのような注意が必要か説明できると、別の場面で応用できます。

コラム①：太陽光発電(PV)における測定

ハカル：あれ？電流を測定できない・・・。

ハカル：えっと、この場所は・・・交流？？

サナエ：測定ファンクションは正しい？？

サナエ：ばっかもーんっ！！そこは直流っ！！

　太陽光発電は直流と交流が混在しています。電圧や電流を測定するときに、テスタの測定ファンクションを間違うと正しく測定できません。

　太陽光発電システムの概念図を頭に入れておく必要があります。

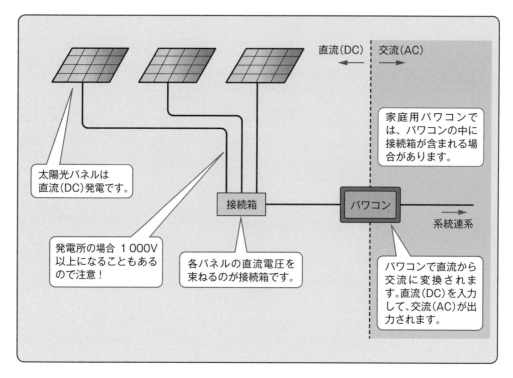

　太陽光発電システムの絶縁抵抗測定は、通常の絶縁抵抗計では正しく測定できません。太陽光発電(PV)専用の絶縁抵抗計で測定しましょう。

　絶縁抵抗計は直流の試験電圧を発生して、電流を測定します。そして電圧を電流で割り算して抵抗を表示しています。日中に絶縁抵抗を測定すると、PVが発電した電流が絶縁抵抗計に流れ込み、正しく測定できません。PV専用の絶縁抵抗計なら、この対策が施されていて正しく測定することができます。

第2章

電気測定器——基礎の巻②

第2章 電気測定器 基礎の巻②

7 ―絶縁抵抗計編― 絶縁抵抗ってナンだ？

　ここから3回に分けて絶縁抵抗について説明します。絶縁抵抗計は安全を確認する基本測定器です。測定することを覚えるだけではなく、なぜ測定が必要なのか、なぜ安全が確認できるのかを考えるため、配電システムの電気安全を保つための方法から話を始めます。

サナエ：よし、今回は絶縁抵抗を測定するわよ。

ハカル：絶縁抵抗ですか…？

サクラ：ハカルくん、忘れたん？工事士試験で勉強したやろ？

ハカル：勉強したけど、言葉しか知らなくて…。

サナエ：絶縁抵抗って知っている？？

ハカル：うーん、絶縁抵抗計で測定できる。

サナエ：それは確かめる手段よね。

サクラ：抵抗値が高ければ安全？

サナエ：そんな理解だけじゃあ、ダメ。

ハカル、サクラ：うーん、絶縁抵抗ってなんだろう？

サナエ：工事をするときでも、修繕するときも、保守するときも絶対必要なことなの。

ハカル：先輩！！

サクラ：教えて！！

サナエ：測定方法じゃあなくて、まずは電気設備をよく考えたほうがいいわね。

　絶縁抵抗測定は、電気設備の安全性を確認するために、必ず測定します。活線状態で測定する電圧や電流とは違い、絶縁抵抗は死線状態で測定します。まず、なぜ絶縁抵抗測定が必要か知るために、電気設備の安全性について考えていきます。

電気設備の安全性が損なわれると、感電事故の可能性が高まります。安全性はどのように守られているでしょうか？

少し概念的な説明をします。危険な電圧があります。これに触れると、もちろん感電します。感電しないための対処方法として、考えられるのが、「閉じ込める」と「逃がす」です。「遠ざかる」「逃げる」という方法もありますが、それでは危険から離れるだけで、安全状態にはなりません。

まず、「閉じ込める」から考えます。危険な電圧に箱をかぶせます。ほころびや網目状の箱より、きっちりと閉じた箱がいいです。紙や金属製の箱をかぶせても不安です。電気的な安全性を高めるには、電気的に高い抵抗の素材でできた箱がいいです。危険な電圧にピッタリくっつけるよりか、少し距離をおいて箱をかぶせるほうが、より安全です。

次に、「逃がす」を考えます。この箱に何らかの損傷があり、箱の表面に危険な電圧が少し出てくるかもしれません。それを逃がします。どこに逃しましょうか？通常、大地に逃します。正常状態では箱の中に閉じ込めるのですが、それが破壊されたときの対処方法として、速やかに大地に逃します。よって、電気的に低い抵抗が理想です。

もちろん、「逃がす」のではなく、箱の上に別の箱で閉じ込めるという方法もあります。実際このような対処方法もあります。

1. 危険電圧を閉じ込める

さて、実際の電気設備を見ていきましょう。「閉じ込める」という行為が絶縁抵抗にあたります。電線の被覆も絶縁の一種です。電線に直接触れると感電しますが、被覆を触っても感電しません。それは、被覆の材料が高抵抗な物質＝絶縁体だからです。電圧、電流容量により被覆の素材、厚さなどが工業規格で決められています。

絶縁抵抗とは、危険な電圧を閉じ込める＝断ち切るための絶縁体の抵抗です。ある一定の電圧が抵抗にかかっているときに、その抵抗値が高ければ高いほど、電流は流れません。つまり、絶縁抵抗は高ければ安全ということになります。被覆線は撚ったり、触れ合ったりしていますが、もし被覆の一部に傷があれば、絶縁抵抗が低くなります。最悪の場合、金属同士が触れ合い、絶縁抵抗がゼロつまり短絡状態になります。

ブレーカに目を向けます。筐体が金属製のブレーカはありません。高抵抗な樹脂で作られています。端子部分は金属ですので触ると感電しますが、触れられないようにカバーがあります。もう少し詳しく見ると、高い電圧を扱うブレーカになると、端子間の間隔が広いですし、端子間の壁（バリア）も高くなります。空気も立派な絶縁体です。距離を離すことにより、絶縁抵抗が高くなります。距離を開けることにより、絶縁している例として、ブスバーがあります。ブスバー自体は金属ですが、規格で決められた距離をあけて空気で絶縁しています。

これらの例からわかるように、絶縁抵抗と言っても実際に抵抗素子があるわけではありません。被覆であったり、樹脂であったり、空気

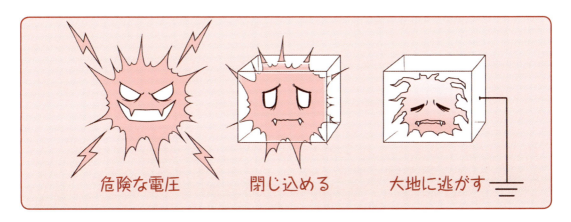

危険な電圧　　閉じ込める　　大地に逃がす

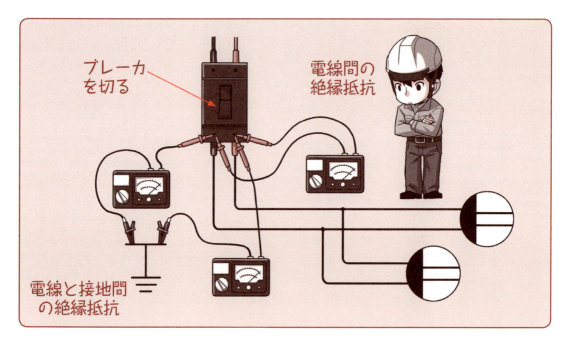

2. 危険な電圧を逃す

「逃がす」という行為は、「接地する」にあたります。絶縁抵抗が低くなれば、閉じ込めきれず、触れることができる箇所に危険な電圧が現れます。感電しないために、抵抗で大地に逃します。この抵抗のことを接地抵抗といい、そこに流れる電流を漏れ電流といいます。

3. 絶縁抵抗測定

絶縁抵抗計で測定する絶縁抵抗値は、電線やブレーカなどの一つずつが構成する絶縁抵抗ではなく、それらを組み合わせた総合的な絶縁抵抗値となります。電気工事中に何かの手違いで、絶縁抵抗値が低くなることがあります。

例えば、撚り線の一部が端子から飛び出ていて、隣の端子に当たりそうになっていることや、被覆の傷が原因かもしれません。電気保守の場合、経年劣化により絶縁抵抗が低下したり、工事したときと環境が変わり、絶縁が取れなくなることもあります。

絶縁抵抗さえ取れていれば安全と言い切れませんが、安全を診断する基本であることは間違いないです。絶縁抵抗が低下している線に送電してはいけません。

実際に絶縁抵抗測定する箇所は、電線間の絶縁抵抗、電線と接地間の絶縁抵抗です。電線間の絶縁抵抗が低ければ、短絡の恐れがあります。絶縁抵抗低下の原因を突き止めない限り、送電してはいけません。電線と接地間の絶縁抵抗が低ければ、電線が接地されたことになり、閉じ込めることをせずに、すべての危険な電圧を逃がすことになります。この状態では、送電できません。

次回からは、絶縁抵抗計の原理と測定方法について説明します。

まとめ

なぜ絶縁抵抗を測定しなければならないかを説明しました。絶縁抵抗や接地抵抗を測定することは、測定対象の電気設備の安全状態を検証するための、重要な測定結果です。測定方法だけではなく、電気設備の理解も深めましょう。

8 ―絶縁抵抗計編― 絶縁抵抗測定の原理を知ろう！

　絶縁抵抗計はテスタやクランプ電流計とは違い、測定器から高圧電圧を発生します。使い方を誤ると感電しますし、お客さまの設備を壊してしまうこともあります。でも恐れることはありません。しっかりと基礎を学べば、誤操作がなくなります。

ハカル：絶縁抵抗というものがどういうものかわかりました。

サクラ：そうやね。値が高ければいいだけのものやないんやね。

ハカル：先輩！！　絶縁抵抗をがむしゃらに測定したくなりました！！

サナエ：そんなに鼻息が荒いとダメ。間違うと、お客さまの設備を壊すことがあるのよ。

ハカル：えっ！！

サクラ：そうそう、まずは前回の復習、復習。

ハカル：絶縁抵抗を測定すると、安全状態を診断できることを学びました。

サクラ：高ければ高いほど安全なんやね。

ハカル：それを測定するのが絶縁抵抗計。

サクラ：ブレーカで測定するんやったね。

ハカル：そう、ブレーカを切って測定するんだ。

サナエ：それじゃあ、絶縁抵抗計をカバンから出して。

　絶縁抵抗測定は、安全を診断するための必須測定です。絶対マスターしなければなりません。ただ測定方法を覚えるだけではなく、しっかりと原理から学び、現場で起きるさまざまな現象に対応できるようにしましょう。

1．絶縁抵抗計とは

　絶縁抵抗計がテスタと違う点は、測定器自ら電圧を出力することです。それも低い電圧ではなく、最大直流1 000Vを発生します。使い方を誤ると十分感電する大きさですし、お客さまの電気回路や電気機器を壊すこともあります。

　もう一つ違う点は、測定を開始するボタンがあることです。テスタならプローブを当てるだけで電圧値を表示します。絶縁抵抗計は当てるだけでは測定できません。測定開始ボタンを押

第2章 電気測定器 基礎の巻②

すと、電圧が発生し、測定が開始され、絶縁抵抗値が表示されます。

絶縁抵抗測定の原理を見ていきましょう。前回見てきたように、絶縁抵抗という抵抗そのものがあるのではなく、電線の被覆であったり、樹脂部品であったり、空気であったり、それらの複雑な組み合わせでした。絶縁抵抗を説明する便宜上、絶縁抵抗を抵抗の電気記号で書きます。現実は、抵抗だけではないと考えてください。

抵抗を測定するには電圧をかけて、流れる電流を測定します。その電圧と電流を割り算する（オームの法則）ことにより、抵抗を換算します。テスタの抵抗測定ファンクションも、同じような原理で測定しています。しかし、テスタからは数Vしか発生していないので感電の心配はありません。一方、絶縁抵抗計は前述の通り、感電するほどの高電圧を発生して測定します。

それでは、なぜ絶縁抵抗計は大きな電圧を発生するのでしょうか？

高抵抗は大きな電圧をかけると、その抵抗値が小さくなるという性質があります。絶縁抵抗を測定する箇所は、電線間や、接地と電線間です。つまり、活線状態で常に絶縁抵抗に高電圧がかかっている箇所です。その絶縁抵抗をテスタのような低い電圧をかけて測定すると、高めの抵抗値が表示されます。これで絶縁抵抗が良好だと判断できません。本当は絶縁抵抗が低く劣化しているのに、テスタで測ると間違った高い値が表示されるからです。

では、どれくらい高い電圧をかけなければならないかというと、測定しようとしている電気回路の電圧程度です。例えば、100Vの電路を測定するには125Vかけます。200Vの電路なら250Vかけます。通常、絶縁抵抗にかかっている電圧を絶縁抵抗計から発生させて、抵抗測定することは理にかなっています。

以上のことが、絶縁抵抗計から高圧を発生する理由と、何種類かの出力電圧を発生できる理由となります。

くれぐれも、測定中の感電にご注意ください。

2．絶縁抵抗計の始業前点検

測定器を使う前に始業前点検をするのはテスタと同じです。まずは、プローブの断線や端子から外れていないか確認します。絶縁抵抗計の場合、特にこれは重要です。もしプローブが断線していたら、その断線箇所の抵抗が非常に大きくなるので、大きな抵抗値が表示されます。これでは、正しく絶縁不良を判断できません。

断線チェックの方法は、プローブをショートします。そして、測定開始ボタンを押して0Ωになることを確認します。

始業前点検で毎回確認する項目ではありませんが、現場でときどき電圧が正しく発生しているか、気になるときがあります。簡易チェックとして、テスタを使う方法があります。

テスタを直流電圧ファンクションにします。そして、テスタの端子に絶縁抵抗計を接続し、電圧を発生させます。絶縁抵抗計で設定した電

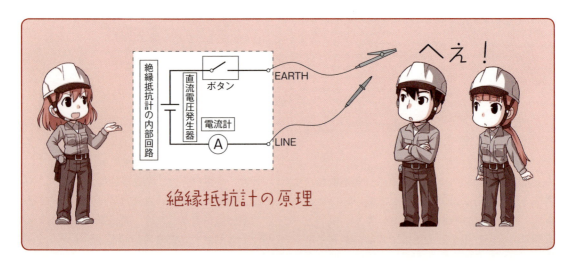

絶縁抵抗計の原理

❽―絶縁抵抗計編―絶縁抵抗測定の原理を知ろう！

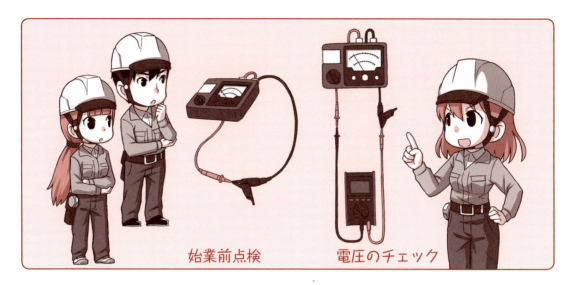

始業前点検　　　電圧のチェック

圧がテスタに表示していることを確認します。テスタの内部インピーダンスにより少し大きめに出たり、小さめにもなりますが、おおよその見当はつきます。

また、このとき絶縁抵抗計が表示する値はテスタの内部インピーダンスとなります。通常デジタルテスタなら、数MΩ から数十MΩ です。

3．絶縁抵抗測定の前準備

それでは測定に入ります。測定の前準備として、①ブレーカを切ることと、②試験電圧を決めることがあります。

絶縁抵抗測定は活線ではなく、死線で測定します。すなわち、ブレーカを切ります。念のため、検電器やテスタで電圧を測定し、0Vであることを確認します。

最近の絶縁抵抗計は、活線状態でも接続して壊れないように設計されているものがありますが、それはあくまで二次的な機能であって、死線に接続することが基本です。

次に、測定したい電路の電圧を確認し、絶縁抵抗計の測定電圧を決めましょう。測定電圧を間違えると、その経路に接続されている電気機器が破損する恐れがあります。

例として、100V の電路に測定電圧 500V で測定すると、電気機器にも 500V かかることになり、故障するかもしれません。

電路の各電圧に対し、絶縁抵抗計の測定電圧は**第1表**のようになります。この表で測定電圧を決めますが、現場指示で決まる場合もあります。いずれにしても間違った電圧をかけてはいけません。

第1表　絶縁抵抗計の主な使用例

定格測定電圧	使用例
25V/50V	電話回線用機器、電話回線電路の絶縁測定
100V/125V	100V 系の低電圧配電および機器の維持・管理
	制御機器の絶縁測定
250V	200V 系の低圧電路および機器の維持・管理
500V	600V 以下の低電圧配電路および機器の維持・管理
	600V 以下の低電圧配電路のしゅん(竣)工時の検査
1 000V	600V を超える回路および機器の絶縁測定
	常時使用電圧の高い高電圧設備（例えば、高圧ケーブル、高電圧機器、高電圧を用いる通信機器および電路）の絶縁測定

まとめ

絶縁抵抗計の原理と始業前点検を説明しました。先の絶縁抵抗の説明と合わせて、何をどのように測定するかにより、安全に診断しているか復習してください。

第2章 電気測定器 基礎の巻②

9 ―絶縁抵抗計編― 絶縁抵抗をハカル

　ここからは、いよいよ測定方法について説明します。電気工事や保守の基本測定になりますので、しっかりとマスターしましょう。

ハカル：絶縁抵抗計ってテスタやクランプ電流計に比べて難しいんですが・・・。

サクラ：そうやね。プローブを当てて測定終わりじゃないもんね。

サナエ：果たしてそうかしら？

ハカル，サクラ：？？

サナエ：ほかの測定器も安全や電気設備を壊さない注意もあったし、表示される測定値をよく考えないといけないときもあったでしょ？？

ハカル，サクラ：あっ！！

サナエ：まずは原理原則。そして何事も経験。ほかの測定器と同じじゃないかしら？？

ハカル：今まで絶縁抵抗について、原理原則を学びました。これから現場でハカル。

サクラ：そうや、その意気や。一緒に測ろう！！ハカルくん！！

ハカル：カーッ！！（赤面になる）

サナエ：・・・。ハカルくん！！仕事に集中っ！！

ハカル：はい！！先輩！！ハカル、ハカル、ハカル。猛烈に測りたくなりました！！

絶縁抵抗について知識が付いてきたところで、ハカルくんも俄然（がぜん）やる気が出てきました。今回は測定方法について説明します。

　前回は始業前点検、測定する箇所に電気が来ていないこと、試験電圧の決め方を説明しました。今回は、少し重複するところもありますが、順序立てて測定方法を説明し、各工程の注意事項を示します。

1．始業前点検

　プローブの断線、端子外れは必ず確認してください。プローブが断線していると、測定対象物が絶縁劣化していても、絶縁抵抗が高く表示されます。つまり、電気設備が危険な状態になっているのに、安全と判断していることになります。

2．ブレーカを切る

　測定したい箇所が死線になっていることを確認してください。検電器やテスタで電圧がゼロ

であることを確認します。絶縁抵抗計から直流電圧を発生します。活線状態に電圧を印加することは危険です。また、そこにつながっている負荷を壊す可能性もあります。あるいは絶縁抵抗計が壊れることもあります。

最近の絶縁抵抗計は、活線状態に接続しても壊れない設計になっていますが、それはあくまで二次的な保護だと考えてください。

3．測定電圧を決める

前回示したとおり、測定する箇所により測定電圧を決めます。間違った測定電圧、主には必要以上に高い測定電圧をかけてしまったときに、負荷を壊す可能性があります。

しかし、前回示した表が絶対的ではありません。竣工検査で「負荷がつながっていないブレーカは測定電圧500Vで、電灯がすでにつながっているブレーカは測定電圧125Vで試験する」など、現場で具体的な指示もありますので、従いましょう。

絶縁抵抗計は単レンジモデルと多レンジモデルがあります。単レンジモデルは、1種類の測定電圧しか発生できません。例えば125V単レンジモデルは、測定電圧125Vしか発生できません。250Vも必要なら2台の単レンジモデルを現場に持ち込まなければなりません。

一方、多レンジモデルは複数の測定電圧を発生できます。例えば、125V/250V/500Vの3レンジモデルは、ロータリースイッチを回すことにより、測定電圧125V/250V/500Vを選択できます。

現場の測定シーンにより、単レンジモデルと多レンジモデルの長所、短所があります。

多レンジモデルのメリットは、1台にまとまっているため、荷物が減ることです。逆に、複数台を現場に持ち込むことになるのが単レンジモデルのデメリットです。

多レンジモデルのデメリットは、簡単に測定電圧を変更できることが仇となり、間違った測定電圧で試験してしまうことです。例えば、100Vと200Vが混在している盤において、測定電圧125Vと250Vを切り換えて試験しますが、間違いやすいです。それは、単レンジモデルのメリットとなり、持ち換える必要があるので、測定電圧の間違いが少なくなります。

多レンジモデルは上記デメリットがあるため、測定電圧500Vと1 000Vは発生しにくいように、各測定器メーカーは工夫をしています。例えば、電圧発生の解除ボタンを押さなければ、試験できません。

自分の現場作業に合った絶縁抵抗計を選びましょう。

4．絶縁抵抗を測定する

絶縁抵抗を測定する箇所は、相間と相－大地間です。単相ですと、L相－N相間、L相－大地間、N相－大地間となります。基本的な測定箇所はこのとおりですが、現場の指示に従って測定箇所を決めてください。

絶縁抵抗計のプローブは、赤色プローブがリー

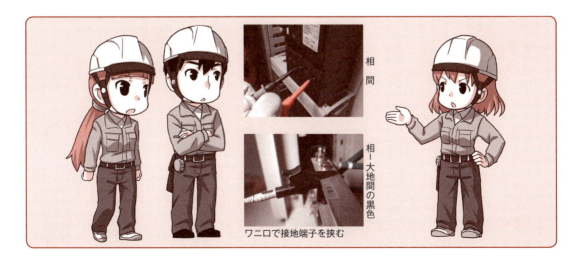

ワニ口で接地端子を挟む
相間
相－大地間の黒色

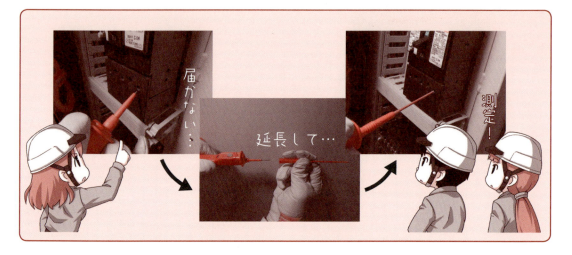

ド（針）タイプ、黒色プローブがリードとワニ口タイプが付属しています。相間を測定するときは、赤黒ともにリードタイプを使用します。相一大地間を測定するときは、黒色はワニ口で接地端子を挟み、赤色プローブを相に当てます。

ブレーカはCAT Ⅲですので、リードはキャップを被せて使用します。つまり、先端しか金属部が出ていない状態です。ブレーカのネジは、指が当たらないようにカバーが付いています。そのカバーには測定用の穴が開いていますので、そこにプローブを挿してプローブがネジに当たるようにします。

もし届かなければ、ブレーカ測定用の延長リードがありますので用意しておきましょう。届かずに測定すると、絶縁抵抗計は無限大表示になり、正しく測定できないので注意しましょう。

プローブを当ててから測定開始ボタンを押し、測定電圧をかけます。すぐに安定した絶縁抵抗値が表示される場合と時間がかかるときがあります。後者は容量成分が大きく、そこに充電されるのに時間がかかるからです。安定するまで待つか、長時間かかるようであれば印加してから1分後の測定値を採用します。どの値を使うかは、現場の指示に従ってください。例えば、太陽光発電システムは非常に容量成分が大きいので、絶縁抵抗測定に時間がかかります。

5．合否判定

技術基準で判定基準値が定められています。100V系で0.1MΩ以上、200V系で0.2MΩ以上です。しかし、この判定基準値は最低限守らなければならない値です。絶縁抵抗は経年変化により低くなる傾向にあるので、現場では判定基準値よりもっと高い値で管理しています。例えば、年次保守点検で、判定基準値ギリギリの絶縁抵抗であったなら、次年の検査までの1年の間で劣化が進み安全とは言えないかもしれません。

また、電気工事後の竣工検査ではもっと高い値（例えば100MΩ）でなければなりません。

電路の使用電圧の区分		絶縁抵抗値
300V 以下	対地電圧（接地式電路においては電線と大地との間の電圧、非接地式電路においては電線間の電圧をいう、以下同じ。）が150V以下の場合	0.1MΩ
	その他の場合	0.2MΩ
300V を超えるもの		0.4MΩ

まとめ

これで絶縁抵抗測定は終わりになります。気をつけるポイントがたくさんありますが、よい理由、だめな理由をよく考えて、一つずつ経験を積んでください。

10 接地抵抗測定の原理を知ろう！
―接地抵抗計編―

　電気工事士の三種の神器（測定器）はテスタ、絶縁抵抗計、接地抵抗計です。テスタと絶縁抵抗計は説明してきましたので、今回から最後の接地抵抗計の説明に入ります。ほかの測定器と違い、独特な測定方法です。しかし測定原理を理解すれば、測定方法も理解できます。まずは測定原理を学びましょう。

ハカル：絶縁抵抗を測定できるようになって、半人前になった気分です。

サナエ：あら、一人前って言わない遠慮の心もあるのね。

ハカル：一人前って言うと、先輩に怒られそうで。

サナエ：よくわかっているのね。今回は、接地抵抗を測定してもらうわよ。

ハカル, サクラ：接地抵抗？？

ハカル：電気工事士試験で覚えたけれど、それをハカル？？

サナエ：そう、接地抵抗計を使って測るのよ。

サクラ：買ったけど、これってすごく重いやんね。

ハカル：そうそう、測定器とは思えないような杭とか電線が入っているやつ。この前、工事で電線が足りなかったので、それを使おうと思いました。

サナエ：バッカモーン！！間違った工事をしてはだめ！！それから測定器を大切にしなさい！！

ハカル：（あっ、久しぶりに怒られた）

サクラ：しっかり覚えて、一緒に測ろう！！ハカルくん！！

ハカル：カーッ！！（赤面になる）

サナエ：はいはい、仕事に集中！！集中！！

ハカル：はい、先輩！！

接地抵抗計は金属の杭や電線のリールがセットになっていて、今まで使ってきた測定器とは違う様相です。今回は、なぜこのようなものが必要なのか、接地抵抗測定の原理原則を学びましょう。

1. 接地抵抗とは？

　まずは、接地抵抗計の内容物を見てみましょう。測定器本体、金属の杭が2本、長い電線が3本入っています。金属の杭は補助接地棒と呼びます。今までの測定器とは大きく違い、測定方法も想像がつかないと思います。

　「第2章⑦絶縁抵抗ってナンだ？」で説明しましたが、危険な電圧から守るため、「閉じ込める」と「逃がす」がありました。「閉じ込める」は「絶縁する」と同じ意味で、前回までに測定方法も含めて説明しました。「逃がす」ことは「接地する」ことです。絶縁抵抗が劣化して危険な電圧が外に出そうになったとき、大地に逃がすために、接地します。絶縁抵抗は高ければ高い値のほうが安全ですが、接地抵抗は逃がしやすいように、低い値でなければなりません。

　接地工事をするには、大地に接地（アース）極を埋め込みます。接地極には棒状のものや板状のものがあります。接地の種類により、求められる接地抵抗の大きさが異なります。

　そもそも接地抵抗とは何を示すのでしょうか？危険な電圧を大地に逃がすルートには、さまざまな抵抗があります。接地極に至るまでの電線（接地線）の抵抗、接地極の抵抗、接地極と大地間の接触抵抗、大地の抵抗などがあります。それらをすべて総称して、接地抵抗と言っています。この中で、接地極と大地間の接触抵抗が最も大きいです。

　接地抵抗には金属の電線だけではなく、大地の抵抗が含まれているので、土の成分や地層、水分量などの環境条件により、接地抵抗は変化します。また、季節、天候でも抵抗値は変化します。

2. 接地抵抗を測定する

　接地抵抗を測定するということは、接地極と大地との間の抵抗を測定することです。電線のように金属ではなく、大地が測定対象になります。測定対象物が金属ではないので、接地抵抗測定は独特な測定方法になっています。

　テスタの抵抗測定原理はテスタから定電流が発生し、そのときの電圧を測定し、オームの法則で抵抗に換算しています。絶縁抵抗計では、電圧を発生させて電流を測定し、同じくオームの法則で換算しています。発生するものが違いますが、測定原理は同じです。

　接地抵抗はどのように測定できるでしょうか？接地抵抗は接地極と大地との間の抵抗に至るまでの抵抗の総称と説明しました。テスタと

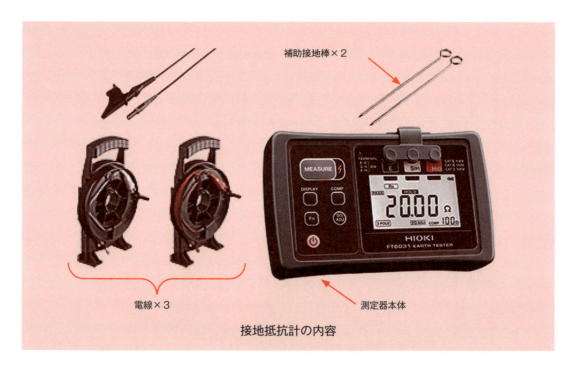

接地抵抗計の内容

⑩―接地抵抗計編―接地抵抗測定の原理を知ろう！

同じ考えで測定するなら、接地抵抗計を接地極と大地にプローブを接続します。接地抵抗計から電流を流して電圧を測定し、抵抗換算します。

接地極は金属ですのでプローブを接地線に接続することは、問題ないでしょう。一方、大地に接続するプローブが補助接地棒です。これを大地に挿します。しかし、ここで問題があります。補助接地棒と大地間の接触抵抗が非常に大きいので接地抵抗値に、その接触抵抗が加算された抵抗値が表示されてしまいます。よって、補助接地棒の影響を受けないような、測定方法を考えなければなりません。

測定対象が大地であるため、もう一つの問題があります。抵抗を測定するために電流を流すと、大地に空間的な広がりをもって流れるということです。測定対象が電線であれば、電流はすべて電線に流れることになります。また電線の場合、明確に抵抗素子の形があり、その両端

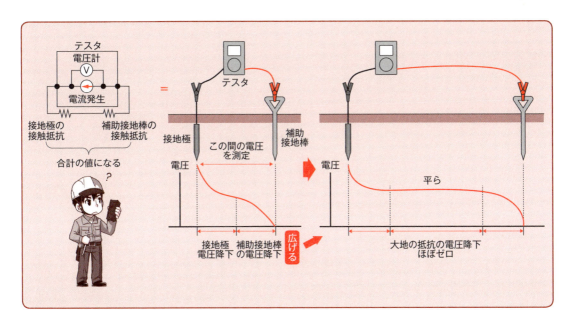

41

にプローブをあてればよいですが、接地抵抗測定の場合、大地のどこまでが接地抵抗なのかわかりません。

接地抵抗の空間的な広がりは大地の状態によります。抵抗に電流を流すと電圧が低くなる、つまり電圧降下を起こしますが、その分布は下図のようになります。

接地抵抗と補助接地棒による接地抵抗が直列に接続されていて、それぞれ電圧降下に分布を持っています。

接地極と補助接地棒の間隔が狭いとき、二つの電圧降下は一つにくっついています。この間隔を広げていったとき、二つは分離されます。

20m以上離したときどのような大地状態でも二つの電圧降下は分離できます。この状態で、接地極の電圧降下だけを測定できます。極地極と補助接地棒の真ん中あたり、つまり接地極から10m離れた場所にもう一本の補助接地棒を挿して電圧測定します。これで、測定した電圧と流した電流の割り算で、接地抵抗を換算することができます。

この測定方法のことを3電極法と言います。

実際は、接地抵抗計の中で自動的に演算して表示されますので、接続さえ間違えなければ測定できます。

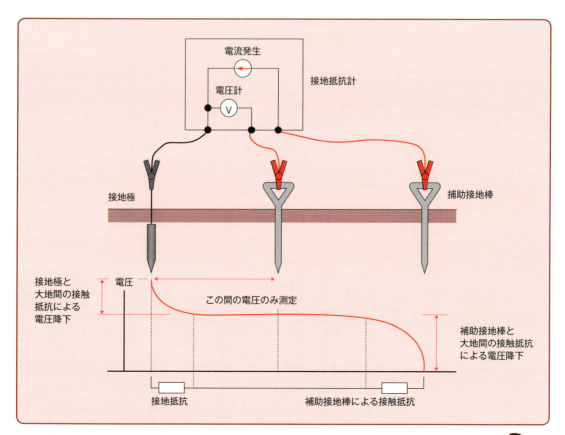

まとめ

接地抵抗測定の原理について説明しました。絶縁抵抗測定と同様に安全を担保する重要な測定ですので、絶対にマスターしましょう。

11 接地抵抗をハカル
―接地抵抗計編―

接地抵抗の測定原理はわかりました。測定方法を説明していきますが、その前にまだまだ理解することがあります。また測定ができないという状況も現場では起きます。

サクラ：接地抵抗のことがわかってきたけど、うーん。つかみどころがないというか。

サナエ：それは電気測定って感じがしないからじゃないかしら。

ハカル：そう。電線をハカル感じでもないし、プローブも太い金属棒だし。

サクラ：測り方も特殊だし。

サナエ：でも、安全を守る大事な測定よ。

ハカル：うん。そう。測定原理をしっかり学んだから、早く測りたいです、先輩。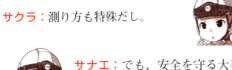

サクラ：そうそう、その意気！！ハカルくん！！

ハカル：サクラちゃん、い、一緒に、そ、測定・・・

サナエ：水を差すようだけど、ちょっと待って。周りを見回して何か気づくことがない？？

ハカル：うーん。

サクラ：うーん。

ハカル, サクラ：うん？

ハカル, サクラ：あっ！！測れません！！

サナエ：そう、測れないのよ。

早く測りたいハカルくんとサクラちゃん。
でも今回ばかりは測れないことに気付いたようです。
ハカルくん、大ピンチです。
さて、なぜ測れなかったでしょうか？
答えは本文の中にあります。

第2章 電気測定器 基礎の巻②

　接地と一言で言っても、使用用途により種類と、接地抵抗値の上限が違います。低圧受電している建物なら、測定しなければならない接地棒は1本かもしれませんが、高圧受電していると3～4本あります。危険な電圧を逃がす用途により種類が分かれているからです。例えば高圧になればなるほど、わずかな漏れ電流でも大きな危険を生みますので、接地抵抗値は非常に低いです。A種、B種、C種、D種の4種類があり、用途は高圧から低圧の順に並んでいます（**第1表**）。また、通信用の接地がある場合もあります。

　複数の接地がある場合は、通常その付近に銘板があり、接地の種類が書いてあります。上限値は法律でも決まっていますが、現場の決めごともありますので、よく確認しましょう。

　接地抵抗計には三つの端子があります。前回学習したように、測定したい接地棒と、補助接地棒2本に接続するため3端子必要です。端子名はE、P、Cと書かれています。この端子名はJIS規格で決まっていましたが、その規格が2012年3月に廃止されましたので、国際規格に合わせて、E、S（P）、H（C）と書かれている機種もあります（**第2表**）。

　それでは、測定していきましょう。

1．始業前点検

　まずは始業前点検として、断線チェックをします。3端子すべてに測定コードを接続して、さらに3本を短絡させます。この状態で測定して、

第1表　接地工事の種類

接地工事の種類	接地抵抗値
A種接地工事	10Ω 以下
B種接地工事	$\frac{150}{I}$〔Ω〕以下 I：変圧器の高圧側または特別高圧側の電路の1線地絡電流〔A〕
C種接地工事	10Ω 以下
D種接地工事	100Ω 以下

第2表　端子名の表示

電極	JIS C 1304 （廃止） 接地抵抗計	国際規格 IEC 61557-5	最新機種 表示例
接地電極	E	E	E
補助接地電極 （電位極、プローブ）	P	S	S（P）
補助接地電極 （電流極）	C	H	H（C）

⓫—接地抵抗計編—接地抵抗をハカル

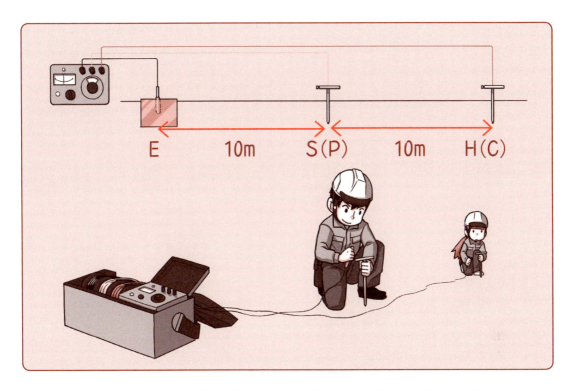

0Ωであることを確認します。接地抵抗計の内部回路を思い出してください。短絡すると、測定コードに測定電流が流れて、その電圧を測定します。短絡しているので、0Ωが表示されます。もし、測定コードが断線していたり、端子に不具合があれば大きな抵抗値が表示されます。

2．測定準備

次に接地極の準備です。まずは、作業前に接地極に電圧がかかっていないか確認することです。もし、電圧がかかっていたら漏電ブレーカが落ちたり、ほかの安全器具が作動しているので安全なはずですが、何が起きるかわからないのが現場です。万が一のことを考えて、テスタや検電器で電圧を確認しましょう。

それでは、測定したい接地極を電気システムから切り離します。新設工事なら、接地抵抗を測定しながら施工するので、元々切り離されているかもしれません。切り離さずに測定した場合、電気システムからの電流が接地抵抗計に流れ込み、結果としてノイズとなり正しく測定できません。

動作している電気システムなら、切り離すことにより安全性が損なわれることがあります。現場の指示に従って作業してください。

3．測定

測定したい接地極には、接地抵抗計のE端子に接続します。

次に、補助接地棒を地面に差し込みます。直線に10m間隔で差し込みますので、20mの直線が必要です。つまり、10m先に補助接地棒を1本差し込みます。さらに10m先にもう一本の補助接地棒を差し込みます。接地抵抗計への接続は、真ん中の補助接地棒にはS（P）端子を、遠い補助接地棒にはH（C）端子を接続します。接続する電線は、接地抵抗計一式の中に電線が巻かれたリールが付いています。

接続を絶対に間違えないでください。前回学んだ測定原理のとおり、測定器の内部では、EとH（C）端子間に測定電流を流して、EとS（P）端子間の電圧を測定しています。H（C）とS（P）を逆に接続したら、正しく測定できないことがわかります。

接地抵抗を測定する前に地電圧を測定します。地電圧を測定するファンクションを持っている測定器や、接地抵抗測定の前に自動的に地電圧測定する機種があります。そもそも地電圧

第2章 電気測定器 基礎の巻②

とは文字どおり地中にある電圧です。地電圧が原因で電流が流れています。この原因は地球が持つ微小な電圧や、漏れ電流が起因する電圧上昇です。

地電圧が大きいと、接地抵抗計は影響を受けて、正しく測定できません。測定値がフラフラするときの原因となります。

さて、接地抵抗計には大きく分けて2種類あります。アナログ表示とデジタル表示の接地抵抗計です。デジタル表示のものは、ボタン一つで測定値が表示されます。アナログ表示の接地抵抗計は操作が必要です。その使い方は次回説明します。

複数の種類の接地がある場合は、一つずつ全ての接地抵抗を測定してください。それぞれ上限値が異なりますので、それを現場で確認してください。

言葉で書くと簡単ですが、実際測定してみると移動したり補助接地棒を挿したり、長い電線を扱うので、時間がかかる測定です。コンセントやブレーカにおける測定とはかなり異なる測定となります。むしろ接地抵抗測定が特殊な測定方法です。しっかりとマスターしましょう。

もし、接地棒を電気システムから切り離したなら、測定後、元どおりに接続することを忘れないでください。

4．測定が難しい場合

ここで、工事現場が都心部であると想像してみてください。建物の周りはアスファルトやコンクリートに囲まれて、補助接地棒を差し込む土がありません。補助接地棒を差し込まなければ、接地抵抗を測定することができません。これは困りました。

直線10ｍ、20ｍのルールから外れますが、少々直線性や距離を変えることにより土があるなら、測定してもいいです。しかし、まったく土がないという場合が都心部にはあります。

この場合の測定方法は、次回説明します。

まとめ

接地抵抗測定は最も特殊な測定方法です。しかし、接地抵抗測定は電気工事士の基本測定ですので、原理原則を理解してマスターしてください。

12 ─接地抵抗計編─
補助接地棒を差せない場合は…

　今までの測定でハカルくん最大のピンチ。ハカリたいのにハカレません。接地抵抗をハカロウとしたのですが、補助接地棒を差し込むことができずハカレませんでした。どのようにハカルことができるのでしょうか？

ハカル：せんぱ〜い。もうだめです。もうハカレません。

サクラ：・・・。

サナエ：何をクヨクヨしているのっ！！ハカルくん！！

サクラ：・・・。

サナエ：そりゃあショックでしょうけど、現場ではよくあることよ。

ハカル：そうなんですか？！

サナエ：そうよ。

サクラ：ということは別のハカリ方があるの？？

サナエ：もちろん！！

ハカル：！！先輩っ！！先輩に二言はないですね！！

サナエ：もちろん！！

ハカル：先輩っ！！早くその方法を教えてくださいっ！！

サクラ：よかったね、ハカルくん。

ハカル：・・・。(赤面)

サナエ：もう、気を抜くんじゃない、ハカルくん！！

ハカル：早くハカリましょう、先輩！！

サクラ：早くハカリましょう、先輩！！

サナエ：・・・。

補助接地棒を差し込めないことは、特に都心部の現場ではよくあることです。そんな現場でも測定できるテクニックがあります。ハカルくんに怒られそうなので、先を急ぎます。

第2章 電気測定器 基礎の巻②

ここでは接地抵抗を測定しようとしましたが、周りに補助接地棒を差し込むための土がなく、測定できないピンチに遭遇しました。都心部はアスファルトやコンクリートに囲まれ、このようなことはよくあることです。どうすればいいでしょうか？

1．土がある場合

一つ目の対処方法として、花壇や街路樹の土を利用することです。測定している接地極と2本の補助接地棒は、直線上に並んでいることが基本ですが、少々のことなら曲がってもいいです。明らかに「くの字」になっていると、測定

誤差を生じます。ただし、いくら土があると言っても、鉢やプランターのように大地と離れているものは利用できません。

2．土がない場合

二つ目の方法は、接地網を使うことです。接地網とは、細い金属線を編んだ網です。測定器のオプションとして販売されています。原理原則より先に使い方を説明します。まず、地面に接地網を置き、その上に補助接地棒を寝かせて置きます。そして接地網が十分濡れるぐらいに水をかけます。

接地抵抗測定の特殊性に驚かされますが、この方法も奇妙に思えるかもしれません。原理は次のように説明できます。補助接地棒の場合、大地は補助接地棒の表面で接触しています。その接触面積が広くなれば、低い抵抗になります。つまり、深く差し込めば接触面積が広くなり、接触抵抗が下がります（面積が広くなると抵抗が低くなる理由は、抵抗＝抵抗率×（長さ÷面積）の関係があるからです。電気工事士試験を思い出そう）。

アスファルト舗装が原因で補助接地棒が差し込めないので、補助接地棒を地面に横置きすることにしましょう。しかし、明らかに大地に差し込むことに比べて、接触面積が狭いことがわかります。そこで、接地網の登場となります。網状になっている理由は、地面の凸凹になじんで接触面積を大きくしたいからです。さらに水で濡らすことにより、接触面積を広くし接触抵抗が低くなります。補助接地棒と接地網の間の接触面積は狭いですが、金属同士なので抵抗はほぼゼロになります。このように、接地網を使えば補助接地棒を差し込むことと同程度の役割を持つことができます。

3．接地測定用端子がある場合

ビルや工場の電気室の場合、Ｃ端子とＰ端子が用意されていることがあります。建築時にあらかじめ補助接地棒を埋設し、それらに接続されています。この場合、補助接地棒を使用する必要はなく、それぞれを接地抵抗計のＨ（Ｃ）端子、Ｓ（Ｐ）端子に接続するだけで測定できます。

4．簡易法（２電極法）

２電極法測定について説明します。簡易法とも呼ばれます。補助接地棒を打ち込むことがありません。測定したい接地極より接地抵抗値が低いとわかっている、ほかの接地極を補助接地棒として使います。しかし、測定する前に低い高いが判断できず矛盾しているように思えます。

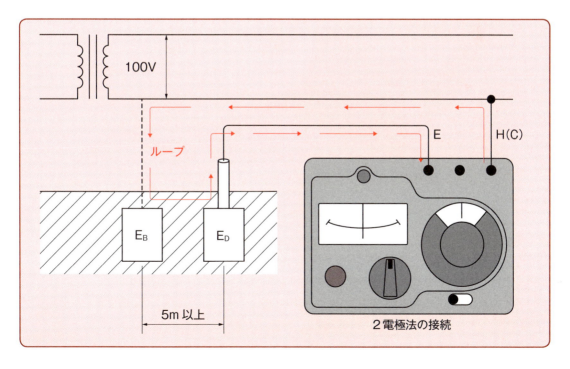

２電極法の接続

例えば、電気室にB種とD種接地がある場合を考えてください。D種接地を抵抗値を確認するとき、B種接地のほうが明らかに小さいと判断できます。

このとき、接地抵抗計を2電極法のモードに設定して、B種とD種に接続します。図で示すとおり、測定器からD種、大地、B種を通り、測定器に戻る電流経路ができます。この間の抵抗を測定します。B種とD種接地の合計した抵抗値が表示されますが、B種がD種より非常に小さければ、その影響が小さく、D種接地抵抗を測定できることになります。

もし、測定したい接地極と補助接地棒として採用した接地極が同程度の大きさの接地抵抗である場合、非常に大きな誤差を含むことがわかります。よって、2電極法が使えるかどうか判断することが重要です。

5．アナログ式接地抵抗計の使い方

最後に根強い人気があるアナログ式接地抵抗計を説明します。最近は、デジタル式の測定器が多くあります。接地抵抗を測定する前の確認として、①地電圧測定、②補助接地棒H（C）の接地状態の確認、③補助接地棒S（P）の接地状態の確認をします。

アナログ接地抵抗計には、アナログメータの検流計とダイヤル、測定ボタン、レンジ設定スイッチが付いています。まずレンジ設定します。一番大きなレンジを選んで測定します。機種により違いますが、100Ω、10Ω、1Ωなどのレンジがあります。測定ボタンを押したとき、測定電流が流れます。測定ボタンを押しながら、ダイヤルを回します。検流計がゼロを示すところを、ダイヤルを回して探します。ゼロになれば測定ボタンから手を離します。ダイヤルの上部に数値があります。その数字に設定したレンジを掛け算すれば、接地抵抗の測定値となります。さらに小さいレンジで測定できそうならもう一度測定を繰り返し、最適なレンジで測定します。

① 測定ボタンを押す
② ダイヤルを回す
③ 針の位置をゼロにする
④ ゼロになった時点の数値を読む

> **まとめ**
> ここまで接地抵抗測定について説明してきました。よくわからない接地抵抗測定を少し身近に感じていただけたでしょうか？あとは実践あるのみです。

13 ―その他の測定器編―
漏れ電流をハカル（漏れ電流計）

　電圧、電流から始まり、絶縁抵抗、接地抵抗の測定方法を学んできました。しかし、測定はこれだけではありません。むしろ「ハカル道（はかるみち）」は始まったばかりです。

ハカル：先輩！！なんだかワクワクしてきました。

サクラ：？？

サナエ：どういうこと？？

ハカル：自分の道具箱に入っている測定器について、すべて学んだからです。

サナエ：学ぶだけではダメよ。

ハカル：そう、原理原則を身につけて、現場で実践する、ですよね！

サナエ：立派になったね、ハカルくん。

ハカル：(じ〜ん) はい！！

サクラ：よかったやん、ハカルくん。

ハカル：(でれ〜)

サナエ：でも、これだけじゃないのよ、測定器は。

ハカル、サクラ：！！

サナエ：まだまだよく使う測定器はあるの。例えば、漏れ電流計。

ハカル：クランプ電流計とそっくりですね。

サナエ：原理は同じだけどね。測定の仕方も全然違う。知ってる？？漏れ電流？？

サクラ：うーん。電流が漏れてきたら・・・危ないなー。

ハカル：漏れるって、どこに行っちゃうの？？

サナエ：まずは漏れ電流の勉強からね！

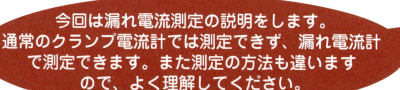

今回は漏れ電流測定の説明をします。通常のクランプ電流計では測定できず、漏れ電流計で測定できます。また測定の方法も違いますので、よく理解してください。

第2章 電気測定器 基礎の巻②

1．漏れ電流とは

まずは漏れ電流（漏洩電流とも言う）について説明します。漏れ電流は、絶縁状態を示す値として使われます。説明を簡単にするため、100Vのブレーカにコンセントが接続されている例で説明します。

絶縁されていなければならない箇所は、相間、相と接地の間です。新設工事で100MΩぐらいあります。経年劣化していても、0.1MΩ以上必要です。これを確認するために、絶縁抵抗計を使いました。

この絶縁が保たれた状態の電流を考えてみます。絶縁抵抗が100MΩとして、そこに100Vがかかっていますので、オームの法則により流れる電流は、

$$100 \text{〔V〕} \div 100 \text{〔MΩ〕} = 1 \text{〔µA〕} (= 10^{-6} \text{〔A〕})$$

になります。絶縁抵抗が0.1MΩのときなら、

$$100 \text{〔V〕} \div 0.1 \text{〔MΩ〕} = 1 \text{〔mA〕}$$

です。

つまり、絶縁が劣化してくると絶縁抵抗に流れる電流が大きくなることがわかります。この電流のことを漏れ電流と言います。漏れ電流が大きいということは、絶縁劣化しているということです。

さて次に、漏れ電流をどのように測定するかを考えましょう。正常な場合、2線に負荷電流が流れ、その向きは逆になります。つまり、1線にブレーカから負荷側へ負荷電流が流れ、もう1線に負荷側からブレーカへ同じ大きさで、向きが逆の負荷電流が流れます。厳密に言うと、絶縁抵抗100MΩに微小な漏れ電流1µAが流れ、負荷電流から分岐して大地を通って戻ってきます。しかし、あまりにも微小であるので無視できます。

もし、絶縁劣化が進むと漏れ電流が大きくなります。つまり、ブレーカから負荷に流れる電流と、負荷側からブレーカに戻る電流（＝負荷電流−漏れ電流）との差が大きくなり、例えば1mAになります。

この微小な電流を測定できるクランプ電流計が漏れ電流計です。

2．漏れ電流計の使い方

漏れ電流計は2線両方をはさんで測定します。負荷電流を測定するときは、2線一括にしてはさむことは間違いで0Aになると説明しました。クランプセンサを貫通する電流を測定ししているので、2線をはさむと、負荷に流れる電流と負荷から戻る電流が相殺されてゼロになるからです。言い換えると1mAの漏れ電流があっても微小な電流を測定できないクランプセンサなので0Aと表示します。しかし1mAを正確に電流が測定できる漏れ電流計の場合、相殺されず差分である漏れ電流を測定できます。

整理しますと、クランプ電流計の間違った測定方法だと思っていた使い方になりますが、2線一括にして、漏れ電流計をはさむことにより測定できます。通常の負荷電流用クランプ電流計と比べて、漏れ電流計は微小電流を測定することができるので漏れ電流を測定できます。間違って、負荷電流用クランプ電流計を使って漏れ電流を測定してしまうと、思わぬ事故につながる可能性があります。余談ですが漏電ブレーカも同じ原理の測定方法で、動作しています。

電気設備の技術基準の第14条によると、「絶縁抵抗測定が困難な場合においては、当該電路の使用電圧が加わった状態における漏えい電流が、1mA以下であること」とあります。

絶縁抵抗測定が困難な場合の一例として、ブレーカを切ることができない、があります。工場やデータセンター、もしかしたら一般家屋でもブレーカを切ることを拒否されるかもしれません。この場合、絶縁抵抗を測定できません。

漏れ電流測定が普及している理由がここにあります。絶縁抵抗は、ブレーカを切らなくてはなりませんが、漏れ電流は活線状態で絶縁状態を診断できます。逆にブレーカを切ると、負荷電流が流れなくなりますので、漏れ電流もなくなります。よって漏れ電流は活線状態でのみ測定できます。

第2章 電気測定器 基礎の巻②

　活線で絶縁状態がわかることに、漏れ電流計を使用するメリットがあります。漏れ電流には常時流れている場合と、間欠的に流れる場合があります。絶縁抵抗に置き換えると、常時絶縁劣化している場合と、間欠的に劣化状態になることを意味します。

　前者の例として、経年変化による絶縁劣化があります。後者の例は、ある機器を作動したときなど特定の動作をしたときに、漏れ電流が発生します。

　極端な例なら、椅子を動かすだけで漏れ電流が発生します。カーペットの下にショートしそうな電線が通っていて、その電線を椅子で踏むことによりショートし、漏電ブレーカが落ちるという実例があります。

　このように、間欠漏電の原因を見つけることは非常に困難です。活線状態で漏れ電流を測定できるからこそ、原因を追求することができます。

漏れ電流のいろいろな原因！

まとめ

　漏れ電流用クランプ電流計と負荷電流用クランプ電流計の測定方法はまったく違います。間違った操作をすると間違った値が表示されるので、原理原則から考えて、使い方を整理しましょう。

14 ―その他の測定器編― モータの回転方向をハカル（検相器）

　ここでは検相器について学びます。検相器の測定対象は三相電源（動力）です。なぜ検相器が必要なのか、から説明していきます。

ハカル：先輩、大変です！！

ハカル：えぇえー！！すごいよテスター！！

 サナエ：？？

サナエ：それはね、検相器という測定器。

サクラ：どうしたん？？ハカルくん。

ハカル：けんそうき？？

ハカル：このテスタが勝手に進化して、プローブが３本になっています！！

サクラ：使ったことないの？？

 サナエ：動力の相順を確認する測定器よ。

 サナエ：はぁ〜。

ハカル：どうりょく？？　そうじゅん？？？？

サクラ：もっとほっといたら、５本になるんとちゃう？？

サクラ：あかん、ハカルくんはオーバーヒートや。

工場やビルの工事をするとき、
三相電源（動力）があります。
これは、コンセントのような単相電源（電灯）とは違い、
検相器を使って相順を確認する必要があります。
今回は検相器について詳しく見ていきましょう。

第2章 電気測定器 基礎の巻②

1. 三相電源

戸建住宅は単相と呼ばれる電源です。相とは、定義がなかなか難しいですが、ここでは簡単のため、一つの正弦波と考えておきましょう。「単」相という名前が示すとおり、一つの正弦波で作られる電源です。

一方、三相はどうでしょうか？ これも名前が示すとおり、三つの正弦波から作られる電源です。高圧は必ず三相になります。工場やビルでは、三相で動く電気機器があります。例えば、三相の工作機械や三相モータです。

三相の相にはR相、S相、T相と名前が付いています。三相は、この相の順番（＝相順）が重要になります。正弦波が一つの単相にはない概念です。配線を誤り相順が間違っていると、どのようなことが起きるか、三相モータで考えてみましょう。

2. 三相モータ

三相モータには、三相電源を接続する端子として、U端子、V端子、W端子があります。それぞれ間違わずにR相にはU端子、S相にはV端子、T相にはW端子を接続します。三相モータを理解することは難しいですが、ここではR、S、Tの順番に、つまりU、V、Wの順番に電流が流れればモータが時計回りに回転し、逆に電流が流れれば反時計回りに回転するとしましょう。電流を逆にすると逆回転することは、電池を逆につなぐとモータが逆回転することと同じイメージです。

さて、もう少し詳しく書きますと、時計回り

にモータが回転する場合、…→U端子→V端子→W端子→U端子→V端子→…という順番で正弦波が来ます。反時計回りの場合、…→W端子→V端子→U端子→W端子→V端子→…という順番になります。

ここで、電源をモータに接続するとき間違ってS相とT相を入れ替えてしまった、つまりS相をW端子に、T相をV端子に誤接続した場合を考えましょう。電源としては、R相→S相→T相の順に流れるのですが、誤配線しているので、U端子→W端子→V端子→U端子→W端子→…という順になります。この順番に注目してください。これは正しく接続しているときの反時計回りの回転と同じ順番ですよね？ ということで、接続を間違えると、三相モータは逆回転します。

この誤配線により、三相モータが思わぬ方向に回ると、機械を壊したり、人身事故にもつながりかねません。よって三相電源は、相順が正しいかどうかを確認する必要があるのです。これを確認する測定器が検相器です。

3．検相器の使い方

さて、検相器の使い方について説明します。検相器はものすごく簡単な原理で、検相器の中に小さな三相モータが入っています。プローブが3本あり、それぞれR相用、S相用、T相用のプローブとなります。測定したい電源のR、S、T相に、それぞれのプローブを接続すると、検相器内の三相モータが回ります。どちら向きに回るかを見て、正相か逆相かを判別することができます。

三相モータを接続するときの検相を例に、測定場所を見ていきましょう。まず、三相モータを接続するブレーカが正しい相順かを確認しま

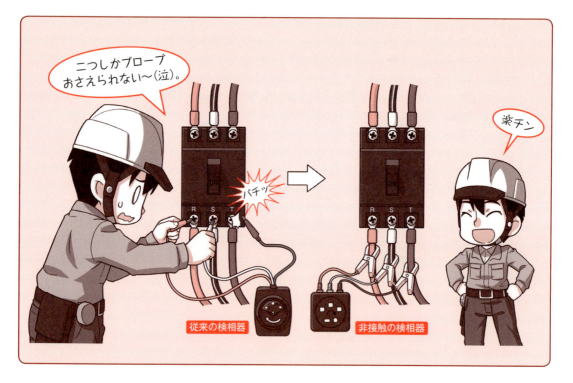

　す。ブレーカに配電されている三相が誤配線していないか確認するためです。次に、モータのU、V、W端子でもう一度測定します。ブレーカからモータ間に見えていない分岐回路があり、相が逆になっていないか確認するためです。逆の逆は正しくなってしまうことがありますので、上流から順番に検相していきましょう。

　死線では、電圧電流が発生しませんので、検相器は活線状態で測定しなければなりません。プローブをしっかりと当てるわけですが、二つの手で3本のプローブを使うのは非常に危険です。そこで、最近の検相器は非接触タイプが主流になってきました。

　非接触タイプの検相器は、プローブが特徴的です。金属がまったく露出しておらず、洗濯バサミのように樹脂に覆われています。これを線材に挟むだけで検相することができます。従来品と比較して、安全に測定できます。また、配線の途中でも測定可能です。ただし、シールドされた電線は測定できないことに注意してください。この場合は、金属端子やそのソケット部分のように、シールドされていないところを挟むことにより検相できます。

　さらに進化した測定器として、三相電圧を同時に測定する検相器もあります。新設工事やリニューアル工事で上流から順番に確認しながら送電していくときに、ブレーカの一次側の電圧と相順を確認してブレーカをONにしていく作業があります。電圧と相順を同時に測定できるので、非常に便利です。

まとめ

いかがでしょうか？　三相に馴染(なじ)みがない方には難しい話だったかもしれませんが、技術の幅が広がりますので、ぜひマスターしましょう。

15 ―その他の測定器編― 表示をしないのにハカル？（検電器）

ハカルくんは先輩が何やら測定器らしきものを持っていることに気づきます。いったい何に使うのでしょう？

サナエ：ピピピピ

ハカル：！？

サナエ：ピピピピ

サクラ：！？先輩、何をやっているのですか？

サナエ：ああ、これ？？検電しているのよ。

ハカル：先輩、ずるいです。まだ測定器を隠し持っているなんて。

サナエ：これは検電器って言って、安全作業するための必須測定器よ。

ハカル：（ブスッ）

サクラ：どうしたの？？ハカルくん？？

ハカル：そんなの測定器じゃありません。

サナエ：バッカモーン！！

サクラ：（あっ、久しぶりに出た）

ハカル：だって、測定値を表示しなくて、音がなるだけなんですよ！！

サクラ：（あっ、ハカルくんが反論した！）

サナエ：屁理屈は言わないの！検電器がわかれば、きっとそんな考えはなくなるから！！

検電器は安全を確認する重要な測定器です。ハカルくんの言うとおり、確かに測定値を表示しません。しかし、立派な測定器です。簡単な測定器ですが、落とし穴もたくさんあるので、使い方をしっかり学びましょう。

第2章 電気測定器 基礎の巻②

作業に入る前に通電しているかどうか確認する必要があります。例えばコンセントを取り替えるときに、工事前に通電を確認します。もし、確認せず作業すると感電の可能性があります。どのような電圧確認方法があるでしょうか？一つの方法は、テスタを当てて電圧確認します。100Vや200Vを示せば作業できません。そのコンセントにつながっているブレーカを切って、再びコンセントに電圧確認します。0Vなら作業できます。

別の方法が検電器を使うやり方です。検電器をコンセントの穴に入れたとき、電圧があると音や光で警告します。測定値は表示されません。同じようにブレーカを切って、再び検電したとき、警告表示がなければ作業できます。

検電器の特長として、テスタのプローブのように金属がないことが挙げられます。先が樹脂に囲まれています。つまり、安全に電圧を確認することができます。また、テスタと比べて非常に小型で、ペン型であるため胸ポケットに入ります。ポケットから出してサッと確認することができます。

このような特長から、非常に使用頻度が高い測定器です。作業に入るときは、必ず検電器で電圧の有無を確認する習慣をつけましょう。

では、検電器の測定原理を説明します。

1．測定の原理

検電器の先は、絶縁物（樹脂）で覆われています。コンセントに当てたとき、電気的には静電容量（コンデンサ）で接続したことになります。絶縁抵抗計の回で絶縁抵抗の正体を説明しましたが、そのときも絶縁抵抗と言っても抵抗があるわけではなく、容量があると説明しました。

同様に検電器と作業者の間も絶縁されていますので、電気的には静電容量で接続したことになります。

コンセントに電圧があるとき、電流経路として、コンセントと検電器間の静電容量から検電器の中を通り、検電器と作業者間の静電容量を通り、人体へ。そして、人体と大地間の静電容量を介して大地に戻る電流となります。コンセントに電圧がなければ、もちろん電流は流れま

せん。この微小な電流を検電器が感知して、音や光で警告します。流れる電流は1μA未満で、人体に危険はありません。

先が導電ゴムや金属の検電器もあります。コンセントと検電器間の静電容量がなく、つながっている状態になっています。先が樹脂に囲まれた検電器と比較すると、電気的な非接触ではなく、一つ保護が外れた状態になっています。

2．検電のしかた

それでは、検電していきます。まず始業前点検です。いつもどおり、樹脂に割れがないか確認します。特に先端。極端な場合、金属部が露出していると感電の恐れがあります。安全を確認したいのに、それが危険な行為になってしまうと元も子もありません。

次に電池を確認します。検電器には、電池をチェックする機能が付いています。電池がなければ、危険な電圧を警告することもできません。

最後に電圧があるとわかっている所（例えばコンセント）に検電器を当てて、正確に反応するか確認します。数字の表示がないので、動作しているか故障しているか判断しにくいので、始業前点検として動作確認をしましょう。

コンセントに検電器を当ててみます。必ずすべての極（コンセントの穴）に当ててください。接地されている極に検電器を当てても反応しません。一つの極の電圧を確認したからといって、電圧がないと判断することは時期尚早です。

同じことがブレーカやケーブルに検電器を当てたときにも言えます。特に、CVケーブルのように束になっている場合、すべての線に当てて確認することが大切です。

3．検電器使用上の注意

検電器はほかの測定器と比べて操作は簡単ですが、落とし穴はたくさんあります。

検電器が鳴るはずが鳴らない原因はたくさんあります。一例として、感度調整機能があります。測定原理で説明しましたが、静電容量や人体に流れる微小な電流を測定して、電圧の存在を検知します。検電器を使う人、環境、絶縁手袋などの要因で、微小な電流量が変わります。その検知感度を調整できる機能がついた検電器があります。感度を良くすると、必要のない所でも鳴ります。分電盤に近づけただけで鳴るので、どのブレーカが生きているのか判断できなくなります。感度を悪くすると、電圧があっても鳴りにくくなります。線にきちんと当てたときのみ鳴りますので、見落とすことがあります。

ケーブルがシールド線の場合、検電器は反応しません。もう一度、検電器の測定原理図を見てください。ケーブルと検電器の先端の間に接地されたシールドがあると考えると、微小な電流が流れないことがわかります。よって、シールド線を検電することはできません。ブレーカの

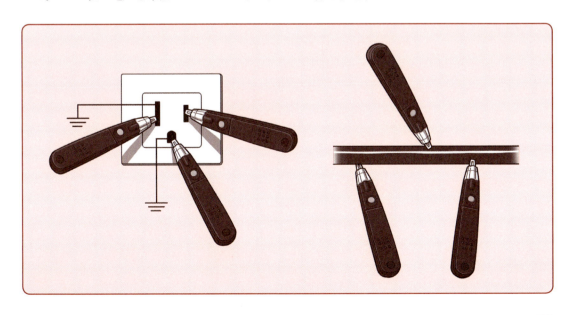

第2章 電気測定器 基礎の巻②

感度調整機能

　端子などシールドされていない箇所で検電してください。

　検電器は通常、交流電圧にしか反応しないことにも注意が必要です。検電器が鳴らなかったので判断できることは、交流電圧がないということです。よって直流電圧があるかもしれません。例えば、太陽光発電の接続箱の中には交流と直流電圧が混在しています。検電器を当てて反応がなかったからと言って、直流電圧の存在を判断できているわけではありません。

　高圧電圧の場合も反応しますが、安全な測定とは言えません。通常の検電器は、低圧用に設計されています。検電器の大きさが小さく、高圧発生部から離れなければならない距離を保つことができません。高圧部を検電するには、高圧用検電器を使用してください。

　これらのことは、検電器の仕様書で確認できます。感度電圧、交流/直流が書いてあります。例えば、動作電圧範囲 AC40 ～ 600V (50/60Hz) なら、交流の低圧電圧のみ検電できるということになります。また、仕様書の中で測定カテゴリにも着目してください。検電器は測定値を表示しないですが、測定器ですので、もちろん測定器の安全規格に従って設計されています。キュービクルなどで使用することを考えると、CAT Ⅳ が必要になります。

　検電器は操作が非常に簡単な測定器ですが、注意点がたくさんありました。測定値の表示がないので、判断できない場合も多くあります。わからないときは、テスタを使って電圧測定をしましょう。

まとめ

作業に入る前に必ず検電器で確認することを習慣づけましょう。そして、検電器でわからなければテスタで確認しましょう。

16 照度をハカル（照度計）
―その他の測定器編―

　ここでは照度測定について学びます。名前が示すとおり、電気測定ではなく、光量の測定となります。電気工事とは関係ないと感じるかもしれませんが、工事をした人の責任として測定します。

サナエ：さてと、ハカルくん。

ハカル：？？

サナエ：これで照度を測定してちょうだい。

ハカル：これは何ですか？

サナエ：照度計よ。

ハカル：照度？？

サクラ：なにそれ？？

サナエ：電気を測定しないわよ。

ハカル：えぇーっ！！電気工事士が電気以外の測定器を持っているなんて！！

サナエ：それが、あるのよ。今、何を工事していた？？

サクラ：蛍光灯をLEDに変える工事やんね。

ハカル：そうそう、われながら、きれいな手さばきで工事しましたよ。

サナエ：点灯している？？

ハカル：電圧も絶縁抵抗も確認したし、ONにすると・・・ほら、点灯しました。

サクラ：うーん。

サナエ：本当に点灯している？？

ハカル：いや、そう言われても、ほら、点いている・・・でしょ？？

サナエ：だから、本当に設計どおりに点灯している？？

サクラ：はっ！！そういうことかっ！！

サナエ：そういうこと！！

ハカル：（う〜む。わからない。でも早く測定したい）

第2章 電気測定器 基礎の巻②

なぜ、電気工事士が照度を測定するのかという理由を、サクラちゃんは気づいたみたいですね。まず照度について学んでから、照度計について説明していきます。

　照明器具の電気工事をした後の検査では、電圧、電流、絶縁抵抗などの電気測定はもちろんのこと、照度測定もします。これは、設計仕様どおりの照度になっているか検査していることになります。照明器具によっては、明るさ調整できるものもあり、部屋全体で同じ照度になるように、調整する作業にも使用します。

　電気測定ではありませんが、電気工事士が照度測定をして、検査することは一般的なことです。

　明るさというのは人間の感覚であり、感じ方に個人差があります。それを人間の目の一般的な感度特性を用いて数値化するのが照度計となります。

　それでは、照度計について見ていきましょう。照度計は電気計測ではありませんので、プローブは必要ありません。その代りに、照度を測定するための照度センサが付いています。どのような測定器でも同じことが言えますが、乱暴に使用するとセンサ部の故障につながりますので、丁寧に使用してください。

　照度計はJIS（日本工業規格）により細かく性能が定められています。測定精度により等級がありますが、現場測定であるならAA級があれば問題ありません。JIS準拠していない照度計は、照度検査に使用する測定器として認められないときがありますので、注意しましょう。

　照度の単位はルクスです。単位記号は小文字で「lx」（エル、エックス。読み方は「ルクス」）となります。

　さて、測定に入ります。始業前点検として、測定器の筐体に割れがないか、センサ部分に汚れがないかなど、外観点検をしてください。電気測定器のように、故障していたからといって感電事故につながるという心配はありませんが、外傷や汚れがあると正しく測定できないこともあるので、始業前点検は大切です。

　照度測定に入る前に、ゼロアジャストを取り

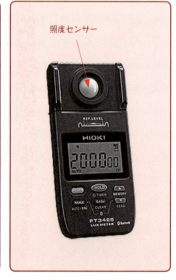

ます。センサ部分を閉じたとき（真っ暗にしたとき）、0 lxとなるはずですが、経年変化などが原因で数lxになるときがあります。これを調整する必要があります。ゼロアジャストは、「ゼロを調整する」という意味です。

調整の仕方は簡単で、照度計に付属しているセンサキャップをセンサにかぶせます。そして、ゼロアジャストボタンを押します。これでゼロが調整されました。照度計の電源を切ると、再びゼロアジャストが必要になりますので、忘れずに実施してください。

測定の準備が整いました。照度を測定しますが、その前に照度を測定する目的をもう一度考えてみましょう。

冒頭で、照明器具の設置工事後の検査をするために、照度を数値化すると書きました。では、どこの場所の照度を確認したいのでしょうか？新しい照明器具を付けました。部屋の隅が明るくなることを望んでいたのでしょうか、タンスの裏が明るくなることを望んだのでしょうか？もちろん、そのようなときもありますが、一般的に、本を読んだり、文章を書いたりする場所である机の上が明るくなることが重要視されるはずです。このことを念頭に置いて、照度測定の方法を見ていきましょう。

照度計は床に対して水平に持ちます。少し照度計を傾けてみましょう。照度測定値が変化します。照度センサに入る光の量を測定していますが、傾けることによって入り方が変わります。

例えば、四方壁に囲まれた部屋に、電球が一つぶら下がっている場合で考えてみましょう。電球の直下で、照度計を水平に持って測定したときが最も大きな値になると想像できるでしょう。傾けていくと、照度センサに入る光の量が

第2章 電気測定器 基礎の巻②

減るので、測定値は小さくなっていきます。

照度計は床に対して水平に持ち測定します。なぜでしょうか？それは、机が床に対して水平だからです。

次に、床からの高さはどうでしょうか？先ほど考えた四方壁に囲まれた部屋で、照度計を電球に近づければ測定値は大きくなり、遠ざけると小さくなることが想像できます。測定するときの高さを決めなければ、明るいのか暗いのか判断できないということになります。

高さについても、机を考えてみましょう。机の上の照度測定を想定して、高さ80 cmで測定することが多いです。しかし、80 cmで決まっているわけではないので、現場の指示に従ってください。

例えば、和室なら床に座りますので、測定の高さが40 cmであったり、幼稚園や小学校なら机の高さも低いので、それに合わせて測定する高さの指示があるかもしれません。

照度計は水平にして、床からの高さも決まりました。これで測定できると思いきや、もう一つ大きな問題があります。それは測定者の影です。せっかく正しい測定をしているのに、測定者の影が入ると、実際の値より小さく表示されます。

実際測定してみると、影が入らないように測定するには、かなり不自然な姿勢になります。そこで、照度計にはカメラの三脚を取り付けるためのネジ穴が付いています。決められた高さに三脚を設置して、測定します。

それでも表示を見るときに影になるので、センサ部と表示部が分離するようになっていたり、5秒後に自動的に値がホールドされるタイマー機能など、測定器により工夫されています。

まとめ

電気測定とは違った注意点がある照度測定ですが、いかがでしょうか？ 次回はもう少し掘り下げて、照度測定の注意点について説明していきます。

17 ―その他の測定器編― 照度をモットハカル

　ここでは照度測定についての注意点を学びます。ハカルくんたちは初めての照度測定でしたが、現場で測定するにはまだまだ知識が足りません。電気計測器とはまったく違う観点ですが、しっかりと学んでいきましょう。

ハカル：ちょっとでも照度計を傾けるだけで、意外と測定値が変わるんだなぁ。

サナエ：そうよ。だからこそ正確な測定方法を確認しながら測定しなければならないのよ。

ハカル：電気測定でも間違った方法で測定すると、正しい値のように見えるけど、間違っている場合ってあるもんね。

サクラ：接地抵抗なんて、そうだったよね。

ハカル：うん。

サナエ：それじゃあ、次の課題。

ハカル、サクラ：？

サナエ：非常照明って知っている？

サクラ：火事とかの災害になったときに点く照明だよね？

ハカル：そうそう、かなり暗めの照明！

サナエ：それじゃあ、非常照明に切り替えるね。（ガチャ！）

サクラ：わっ、暗い！！

サナエ：災害用だから、できれば使いたくない照明だよね。

ハカル：ですよね。それじゃあ、外も暗くなってきたので、帰りますか！！

サナエ：何言ってるのよ！今から非常照明の照度を測定するのよ！！

ハカル、サクラ：えっえ〜っ！今日は残業ですかぁ〜！？

> 非常照明の照度測定が始まります。もう夕方になっているので、今日は残業のようですね。

1．非常照明の測定方法

　非常照明は、普通照明と比べて非常に暗いです。

　非常照明とは、非常時に逃げるための最低限の照明です。外が明るければ、それらの光による影響が大きいため、正確に非常照明の照度を測定することができません。そこで夜に測定したり、窓のカーテンを閉めて測定します。

　新築工事の場合、カーテンなどの外からの光を遮るものがありませんので、夜に測定することが一般的です。

　普通照明では、机の高さを想定して、床面から80 cmの高さで照度計を水平に測定していま

4点法　　　　　　　　　　　　　5点法

$$E_0 = \frac{E_1 + E_2 + E_3 + E_4}{4}$$

$$E_0 = \frac{E_1 + E_2 + E_3 + E_4 + 2E_g}{6}$$

したが、非常照明の場合はどうでしょうか？

火災になって、煙が屋根付近に充満してきたとしましょう。このとき、身をかがめたり、四つんばいになって部屋から逃げます。ということで、非常照明は床面付近に照度計を水平に置いて測定します。

先ほども述べましたが、非常照明は小さな照度です。ちょっとした光や影の影響を受けやすいということになります。

前回説明したように、タイマーホールド機能を使用して、遠くに離れて測定することが一つの方法です。

最近の照度計は、Bluetooth® 通信機能がついており、照度計から離れた所でもスマホやタブレットに測定値をリアルタイムで転送することができます。この方法ですと、影の影響を軽減できます。

2．4点法と5点法

普通照明の照度を測定するときに、部屋ごとの平均値を算出して良否判定することがあります。代表的な平均値の取り方として、4点法と5点法があります。

4点法とは、部屋の四隅で照度 $E_1 \sim E_4$ を測定して、四つの測定値の平均値 E_0 を算出する方法です。単純に四つの測定値を足して4で割ります。

5点法は計算方法が異なります。まず、部屋の四隅と中央の合計5点測定します。この5点から平均値を算出しますが、単純な平均値計算ではありません。四隅の四つの測定値と、中央の測定値の2倍を加算します。

つまり、四隅のデータと部屋中央を2回足すことになりますので、六つの測定値を足していることになります。この和を6で割って平均値とします。部屋の中央で測定した照度 E_g を2回足すところが特徴です。

部屋中央の照度は、四隅と比較して重要視されている（重み付けされている）平均の取り方と

いえます。平均の計算方法が異なるだけで、照度の測定方法は同じです。

実際は、部屋のどの場所を測定するか、またどのような平均値の計算方法で判定するかは、現場ごとに異なりますので、検査仕様書を基に現場の指示に従いましょう。

3．LED 照明対応照度計

LED 照明の普及に伴い、照度計も LED 照明が測定できるように、機能がアップされています。

LED 照明対応の照度計と非対応の照度計は、どのように違うのでしょうか？特に問題になるのは、調光機能がついている LED 照明です。

LED 照明を調光するときは、LED の明るさが明るくなったり、暗くなるのではなく、光っている時間を変化させています。

人間の目には対応できないほどの高速なパルス波形で光らせているので、チラツキは感じません。これまでの照度計では、光っている時間を短くしていく、つまり、暗くなったとき、照度計も反応できなくなり、測定値が低めに表示される問題がありました。

LED 照明対応の照度計はその問題点を解決して、正しく測定できます。

4．法定照度計

照度計は、校正証明書など校正に関する書類のほかに、取引や証明に関する検定証明書の提示を求められることがあります。

検定済の照度計は、本体に検査証印があり、検査証明書が発行されます。なお、検定証明書の有効期限は 2 年間ですので、期限切れにも注意しましょう。

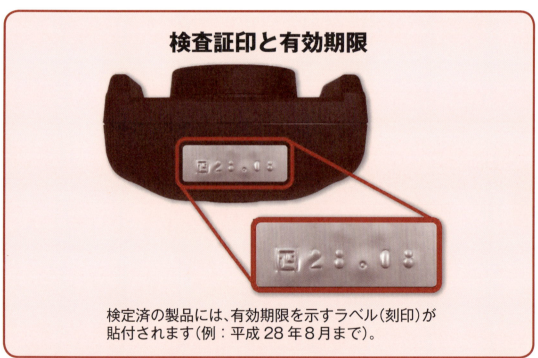

検定済の製品には、有効期限を示すラベル(刻印)が貼付されます(例：平成 28 年 8 月まで)。

まとめ

ここでは照度測定特有の注意点を説明しました。電気測定とは違った注意点が多く、戸惑う内容もあるかもしれませんが、原理原則に立ち戻り、しっかりと身につけましょう。

第3章 電気測定器――レベルアップの巻

第3章 電気測定器 レベルアップの巻

18 交流と直流を意識しよう！

　測定器について一つずつ原理や使い方を見てきましたが、ここでは少し寄り道して交流と直流について考えてみます。一歩立ち戻り、全体を鳥瞰してみると技術的にもステップアップできます。

ハカル：うーん。

サクラ：？？？

サナエ：？？？

サクラ：どうしたのハカルくん？？

ハカル：テスタでコンセントの周波数を測定してみたんです。これを見て！

サクラ：60Hz。

ハカル：60Hzということは、1秒間に60回も波が来るってこと。そんなに速いなんて信じられない。

サクラ：波って？？

ハカル：だって、交流だから波形は正弦波だろ？？

サクラ：何か測り間違ってるんちゃう？？確かに1秒間に60回なんて速すぎるんちゃう？？

ハカル：いやいや絶対間違ってない！！測定器がそう言っているんだ！！

サナエ：ハカルくんは間違ってないよ。

サクラ：じゃあ・・・

サナエ：それが事実よ。今回は波形を意識して測ってみましょう。

ハカル：波形を意識？？

サナエ：そうよ。60Hzって測定しても正弦波とは限らないのよ。

少し余裕が出てきたのか、ハカルくんは、いろいろな疑問に気づくように成長しました。測定器の数字を読むだけではなく、何を測定しているか強く意識するようにしましょう。

⓳交流と直流を意識しよう！

　最近のテスタには、当たり前のように周波数測定機能が付いています。周波数ファンクションにして、コンセントにプローブを当てると周波数が表示されます。日本は50Hzと60Hzの地域がありますので、コンセントを測るといずれかの値となります。

　外国の電気設備の周波数も50Hzか60Hzです。しかし、一つの国で二つの周波数が混在していることは少ないです。日本がこのように混在している理由には深い歴史があります。明治時代に外国の文明が急激に輸入されました。発電機もその一つでした。関東では、ドイツ製の発電機が輸入され普及しました。一方同時に、関西ではアメリカ製の発電機が普及しました。ドイツは50Hz、アメリカは60Hzでしたので、二つの周波数が混在し、現在に至ります。

　昔の電化製品は50Hz専用や60Hz専用でした。つまり、関東から関西に引っ越すと周波数が違うので、電化製品を買い換えなければならない事態になります。今はどちらの周波数でも動作するようになっています。

　少し話がそれました。Hz（ヘルツ）という単位は1秒間に変化する回数です。コンセントの電圧は正弦波です。60Hzなら1秒間に正弦波が、60周期分変化するということになります。

　想像できるでしょうか？一つの正弦波はどれくらい短い時間でしょうか？1秒の間に60周期の正弦波があるので、一つの正弦波は、1÷60秒ということになります。つまり、0.016666秒です。50Hzの場合で0.02秒です。

1．交流と直流の違い

　交流を測定しているということは、こういうことです。

　50Hzや60Hzは速いかと言えば、それほど速いものではありません。飛行機や船舶の電気設備には400Hzの箇所があります。もっと生活に身近なHzならラジオの周波数、パソコンのCPUのクロック数などがあり、kHz、MHz、GHzなど非常に高い周波数になります。

　コンセントは正弦波と仮定して話しました

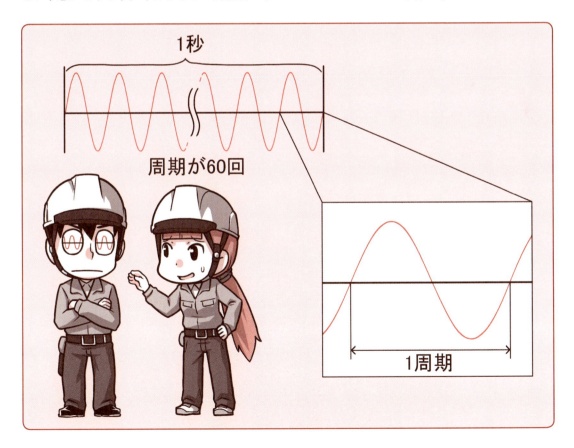

が、実際は違います。少し歪んだ波形になっていることがあります。それに対して電流波形は大きく歪んでまったく正弦波に見えないことが多くあります。しかし、いずれにしても周期的な波形が繰り返し50回ないしは60回振動することには変わりありません。

一方、電気設備には直流もあります。直流は電池電圧を頭に描いてみてください。交流のように周期的に振動することなく、3Vならずっと3V、5Vならずっと5Vです。

最近は太陽光発電が普及して、直流を測定する機会が増えました。太陽光発電は直流で発電します。その電圧がパワーコンディショナ（通称パワコン）で交流に変換されます。盤やパワコンの中に発電電圧の直流とパワコン変換後の交流が混在しているので、テスタのファンクションの設定を間違えると思わぬ事故につながります。検電器で電圧をチェックするときも同様です。

また、交流と直流を自動判別して測定できるテスタもあります。ファンクションを切り替えることなく、非常に便利な測定器であることは間違いありません。しかし、測定するときの意識が大切です。あたりかまわず測定して便利な機能に判断を任せると、技術向上につながりません。しっかり配線を見て、「今、測定するのは交流ラインなので、交流と自動判別されるはず」と意識付けしてから測定し、「確かに交流値が表示された」と確認して作業すべきです。例えるならカーナビに任せっきりになると、道を覚えられないことと同じで、技術向上にはつながりません。便利な機能に頼り切るのではなく、頭を働かせて作業するように心がけましょう。

2. さまざまな交流

話題は交流に戻ります。交流と一言で言ってもさまざまな波形があります。いつでも必ず正弦波のようなきれいな波形とは限りません。電圧波形は正弦波に近い波形ですが、電流波形はむしろ正弦波であることが少ないです。しかし、極端にランダムなノイズが入らない限り、周期

的な波形になっています。

さて、交流をテスタで測定するときに、どのような波形でも測定できるでしょうか？測定器の仕様で分類できることは、実効値処理（真の実効値、True RMS、TRMS）と平均値処理があります。

平均値処理の測定器は、正弦波しか測定できません。正弦波とは似つかない波形になればなるほど、間違った測定値を表示します。

電圧波形は、正弦波に近いので平均値処理の測定器で測定しても問題ないかもしれませんが、電流測定はできないと考えてください。よく仕様書を見ましょう。

一方、実効値処理の測定器はさまざまな交流波形を測定することができます。最近、販売されているテスタは実効値処理が多いです。しかし、どのような波形でも正確に測定できるほど万能ではありません。例えば、50Hzや60Hzではない高周波（波形周期が極端に短いもの）や、突発的にノイズのような大きな電圧がある場合です。現場では、稀に起きる例外として考えていいですが、それでも測定器は万能ではない例があることを覚えておくことは大切です。

測定器の仕様書には、周波数帯域やクレストファクタという項目があります。ここでは詳しく述べませんが、前者が波形の周波数に関すること、後者が突発的に入力された大きな波形に関する項目です。

測定値からどのような波形を知ることができるでしょうか？残念ながらそれはできません。交流100Vと表示されていても、それが正弦波なのか、ノイズなのかは判断できません。ここが交流測定の難しさでもあります。波形を知るには、波形の記録計やオシロスコープで測定します。現場では測定値だけではなく、波形が問題になることがあります。

一方、測定値だけで解決できることもあります。しかし、その波形は正弦波とは限らないと意識して測定することで、より多くの原因を推測でき、情報の幅が広がります。

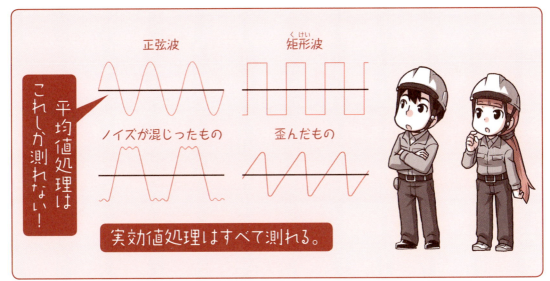

まとめ

表示された測定値を読むだけではなく、波形を意識しながら測定しよう。今まで気づかなかったヒントが見えてきます。

第3章 電気測定器 レベルアップの巻

19 ―テスタ編― 測定器のしくみを知ろう！

　第1章ではブレーカの測り方について学びました。ここではさらにテスタの、電圧測定の原理について考えます。

ハカル：はぁー。

サクラ：？？どうしたの？？ハカルくん。測ってわかったんちゃうん？

ハカル：それはそうなんだけどね。

サクラ：何か間違ったん？

ハカル：いやいやいや、間違ってはないんだけど。なんで測れるのかがわからなくなっちゃって。

サクラ：なぜって？？

サナエ：測定器について知識をつけたところで、もう一度基礎に戻って考えたほうがよさそうね。

ハカル：！！

サナエ：確かに、なぜ測定値が表示できるのか、テスタの中身を知りたいよね。

ハカル：そうなんです。この相棒の中身を知りたいんだ！！

サクラ：考えたことなかったけど、そうやね。分解すればわかるんちゃう？

サナエ：ダメダメダメ。そんなことしたら、測定器が壊れてしまう。

　小さな測定器には、たくさんの測定ファンクションが入っています。測定器のしくみを理解して、より確実に測定器を使用しましょう。

1．電圧測定と電流測定

　クランプ電流計が普及していないときは、テスタで電流を測定していました。しかし安全上の問題から、最近はテスタで電流を測定することはほとんどありません。その理由は電圧測定と電流測定の測定原理にあります。

　測定対象物に対して、電圧計は並列に、電流計は直列に接続する、と学校で習ったことがありますか？これが測定原理を言い表しています。

　電圧計も電流計も電気機器なので、内部に電気的な抵抗があります。問題になるのは内部抵抗の大きさです。正確に測定するには内部抵抗の大きさが重要な要素になります。

　電圧計の内部抵抗から見ていきましょう。測定の基本は、測定する行為により、測定対象物を壊したり、乱したりしないことです。電圧を測定するたびに電圧降下を起こすとなれば測定器失格です。電圧計の場合は内部抵抗を大きくすることで、このようなことが起こらなくなります。

⑲―テスタ編―測定器のしくみを知ろう！

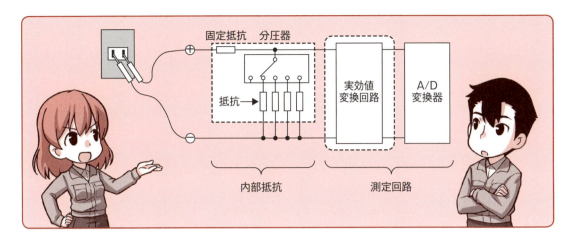

　測定対象物に電圧計を並列に接続します。もし内部抵抗が小さければ、電圧計にも電流が流れるため、測定対象物に流れる電流が小さくなります。これは測定対象物を乱すことになります。図の場合、電球が暗くなってしまいます。電圧計の内部抵抗は無限大が理想です。

　一方、内部抵抗が大きくなると電流が流れにくくなり、測定対象物を乱すこともなくなります。実際の電圧計の内部抵抗はアナログテスタで数十kΩから数MΩ、デジタルテスタで数MΩから数十MΩあります。特にデジタルテスタの場合、絶縁抵抗値ぐらいの大きさとなります。

　電流計はどうでしょうか？電流計の内部抵抗は逆に小さければ、測定対象物を乱さないことがわかります。実際、その内部抵抗は数Ωから数十Ωです。電流計の内部抵抗は0Ωが理想です。

　電圧測定するときに、もし間違って電流ファンクションに設定して測定したらどうなるでしょうか？電流計は内部抵抗が非常に小さいので、短絡していることになります。そして、測定器のヒューズが切れるか、損傷するか、もしかしたら測定対象物が損傷するかもしれません。安全を守る測定器が安全ではなくなりますので、最近は、電流ファンクションがないテスタが増えてきました。その代りに安全に電流を測定できる

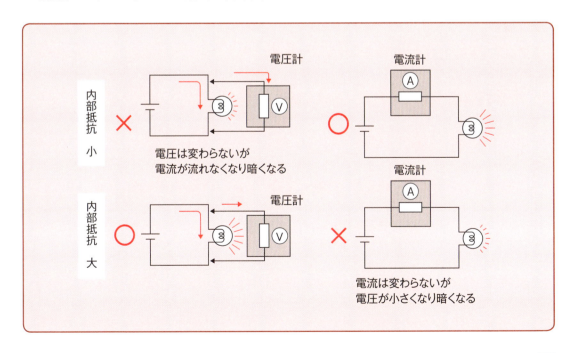

77

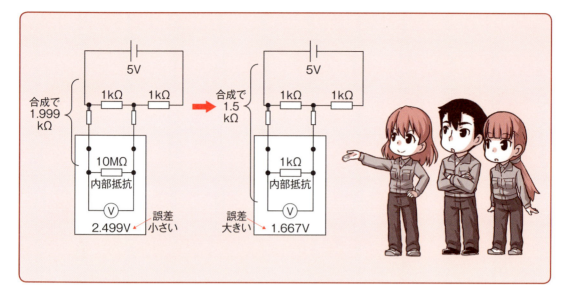

クランプ電流計が増えてきました。

クランプ電流計が普及した理由がもう一つあります。テスタで電流を測定するときに、電源を切り、電流計を直列に接続しなければなりません。例えば電気機器の消費電流を測定するときに、一度電気機器の電源を切り、コンセントと電気機器の間に電流計を接続して、再び電気機器の電源を入れなければ電流を測定できないということになります。これに比べてクランプ電流計は非常に便利に安全に電流測定できることがわかります。

2．抵抗測定

抵抗計の内部抵抗もそれほど大きくはありません。電流計の内部抵抗ほど小さくありませんが、電圧測定のときに間違って抵抗ファンクションで測定すると事故につながります。

抵抗測定はテスタから電流を発生させて、そのときの電圧を測定しています。発生させた電流値と測定した電圧値からオームの法則により抵抗値を算出しています。このとき測定対象物を乱さないように微小な電流を注入しています。

抵抗測定といえば、絶縁抵抗測定があります。こちらはテスタと違う方法で絶縁抵抗を測定しています。測定対象物に電圧を発生させて、そのとき流れる電流を測定し、オームの法則により絶縁抵抗の値を算出しています。電流を発生させるか電圧を発生させるかの違いはあります

が、基本的な測定原理は同じです。

接地抵抗測定の場合は、テスタと同じで電流を発生させて電圧を測定しています。3電極法の測定原理を思い出しましょう。

3．測定器の中身はどうなっている？

1台の測定器の中にはさまざまな機能が入っています。テスタなら、電圧計、電流計、抵抗計などの電気回路があの小さなテスタの中に集積されています。それらの機能をロータリースイッチで切り換えることができます。

テスタの中身をもう少し詳しく見ていきましょう。電圧計や電流計の電気回路が、徹底的に共通化されて、テスタはコンパクトな大きさに収まっています。共通化できない部分は内部抵抗、共通化できる部分は測定回路です。

内部抵抗が共通化できない理由は今までの説明で理解できるかと思います。内部抵抗は実は

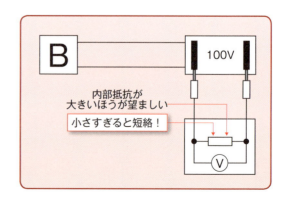

⑲―テスタ編―測定器のしくみを知ろう！

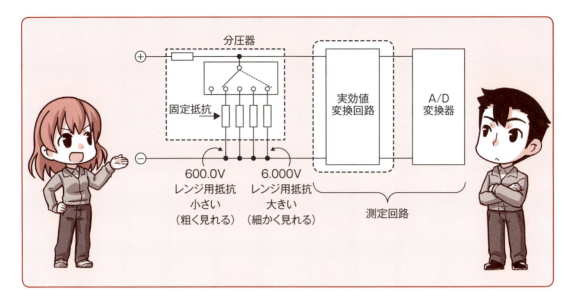

　測定レンジにより少々変わります。電圧測定の場合、固定抵抗とレンジ用抵抗の2種類の抵抗で構成されています。レンジ用抵抗を切り換えることにより、固定抵抗との比が変わります。すると、電圧の分圧比が変わり、測定レンジが切り換わる仕組みです。内部抵抗としては固定抵抗とレンジ用抵抗の直列合成抵抗になりますので、内部抵抗が少々変わります。

　テスタを使って電流を測定した方は経験あると思いますが、プローブを電圧測定用端子から、電流測定用端子に付け換える必要があります。測定器の内部に大電流を流し込みますので、ロータリースイッチで切り換えるばかりではなく、物理的に分離された電気回路で構成されています。よってロータリスイッチが電圧測定の位置にあっても、プローブが電流測定用端子にささっているのであれば、内部抵抗は低い状態にあります。

　そのほか共通化できない電気回路として、抵抗測定のために発生する電流や電圧がありま

す。抵抗ファンクションを選んだときだけ発生するように回路が組まれています。絶縁抵抗計になると高電圧を発生させなければなりませんので、規模が大きな回路となります。

　測定回路は、デジタルテスタの場合、A/D変換器と表示器となります。A/D変換器とはアナログ信号をデジタル信号に変換する電子回路です。ここでアナログ信号である電圧波形が、デジタルに変換されます。平均値処理や実効値変換もここで処理されます。そしてその結果が、表示器に数字で測定値が表示されます。

　この測定回路は電圧測定でも電流測定でも抵抗測定でも同じ処理ですので、共通化できるのです。

　その他、共通化できる回路として、内部を制御しているCPU（マイコン）やボタンなどがあります。

　クランプ電流計、絶縁抵抗計、接地抵抗計も電流センサや測定項目により異なる構成部分はありますが、基本的な構成は同じです。

まとめ

　ここでのテーマは測定ではなく、測定器そのものについてでした。測定器について深く知ると愛着がわきますね。

第3章 電気測定器 レベルアップの巻

20 ―クランプ電流計編― クランプ電流計のしくみを知ろう！

　第1章では電流測定を学びました。ここでは電流測定に主に使用されているクランプ電流計のセンサについて学びます。

サナエ：どうしたの？ハカルくん。真面目な顔して。

ハカル：・・・。

サクラ：何かおかしいの？

ハカル：・・・。いやそうじゃなくて。

サナエ：電圧計の仕組みはわかったけど、今度はクランプ電流計の仕組みを知りたくなった、ってとこね。

ハカル：！！なんでわかるんですか、先輩！

サナエ：そんなのお見通しよ。

サクラ：・・・。

ハカル：さすが、先輩。頼りになります。

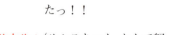サクラ：わ、わたしもハカルくんの悩みがわかっていましたっ！！

ハカル：（サクラちゃん、なんで怒っているんだろう？？）

サナエ：クランプ電流計は不思議よね。電線に触れなくても測定できるのですから。

ハカル：そうなんです。これって以心伝心というんですよね？？

サナエ：いやそうじゃなくて、科学的に説明できる原理があるのよ。

ハカル：あぁ、そんな仲になりたい。電流の気持ちになって、測らなくてもわかるなんて。

サナエ：ハカルくん！！ちゃんと聞いてるの？！

サクラ：プンプン。(どうせ、わたしはハカルくんと以心伝心の仲になれませんよ！！)

ハカル：（あれ？ひょっとして二人ともに怒られている？？）

クランプ電流計って不思議ですよね？
今回はクランプセンサの仕組みについて説明します。
測定器をよりよく知り、正しい測定が
できるようになりましょう。

電流測定には、二通りの測定方法があります。一つは、直接プローブを当てる方法です。もう一つは、クランプ電流計を使用する方法です。

前者の測定方法は、特別な理由がない限り使用しません。以前説明したように、電流をテスタで測定するには、その回路を切って、その間にプローブを当てなければなりません。測定に手間がかかること、安全性に欠けること、停電しなければならないことを理由に使用されません。

後者は被覆の上からでもクランプ電線をはさめば測定できます。上記欠点をすべて克服しています。クランプセンサの技術向上により、正確に測定できるようになります。

さて、クランプセンサの説明に入ります。まず、中学生の理科で習う二つの法則を復習します。

1. 右ねじの法則

電流が流れると、電流が進む向きに対して時計回りの磁場が発生するという法則です。電流が進む方向とネジを締める方向を合わせると、ちょうどドライバを回す方向、つまり時計回りになることから、一般的に右ねじの法則と呼ばれています。

そして、磁場の大きさは電流の大きさに比例します。小さな電流なら小さな磁場、大きな電流なら大きな磁場が発生します。

さて、磁場とは何でしょうか？磁場とは磁力の場です。一番イメージしやすいのは、方位磁石です。方位磁石が常に北を指している理由は、地球の南極がN極、北極がS極の磁場が形成されているからです。原理的には、商用電流が流れている電線に方位磁石を近づけると方位磁石が動くはずですが、実際は動きません。一方、電池のような直流電流なら動くことを確認できます。なぜでしょうか？

直流電流は、常に同じ方向に電流が流れています。つまり、磁場が一定方向で、その大きさは電流の大きさに比例します。

周波数50Hzの商用電流の場合、1秒間に50回のタイミングで電流の向きが変わります。そして、大きさは正弦波に沿って変化します。つまり、磁場は徐々に大きくなって小さくなる。やがてゼロになり、反対方向の磁場が発生し、大きくなって小さくなる。それを1秒間に50回も繰り返しています。方位磁石が動かない理由

第3章 電気測定器 レベルアップの巻

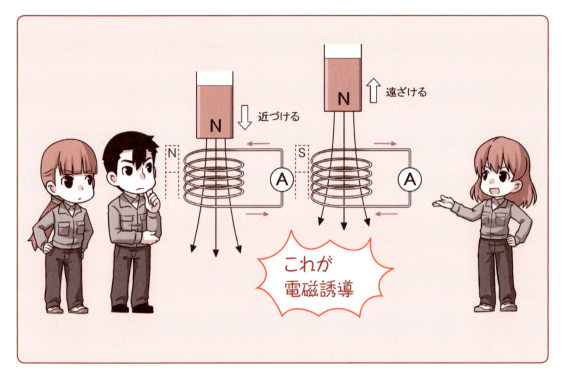

は、変化のスピードが速く、方位磁石の針が応答できないからです。

2. 電磁誘導

コイルに磁石を近づけたり遠ざけたりすると、コイルに電流が流れます。この磁石の動きを言い換えれば、磁場の変化です。コイル内に磁場の変化があった場合、電流が流れます。電流の向きと大きさは、磁場の変化量によって決まります。

例えば、N極がコイルに近づく、つまり磁場が大きくなるとコイルは磁石が近づいてほしくないように振る舞います。つまり、図のようにコイルは反発する磁石になります。

逆に、N極が遠ざかり、磁場が小さくなると、今度は逆に遠ざかってほしくないように振る舞います。

近づこうとすると反発して、遠ざかろうとすると引き止める。コイルって天邪鬼です。

そして、そのときのコイルに発生する電流の向きが逆になっていることに注目です。

磁場の大きさが大きくなると電流が流れます。大きく変化するほうがたくさん電流が流れます。逆に磁場が小さくなると、逆向きの電流が流れます。

たくさんのコイルに電流を発生する条件として、磁場が大きいこと、磁場の変化量が大きいことに加えて、コイルの巻数を増やすことの三つがあります。

3. クランプ電流計のしくみ

さて、基礎知識の準備が整いました。クランプセンサについて説明します。クランプセンサの中身は実はコイルです。あのセンサの中には、何千という巻数のコイルが入っています。

商用電源 50 Hz の正弦波が流れている電線には、右ねじの法則により、その電線の周りには磁場が形成されています。磁場は大きくなり、小さくなり、やがて方向が変わり、大きくなり、小さくなります。1秒間に50回の周期で変化しています。

この電線にクランプ電流計をはさみます。この磁場は例外なく、クランプセンサ内のコイルにも形成されます。磁場は 50 Hz の周期で変化しています。電磁誘導により、その大きさと変化量に応じてコイルに電流が流れます。

測定器はコイルに流れる電流を測定しています。正確には、抵抗を介して電圧測定していま

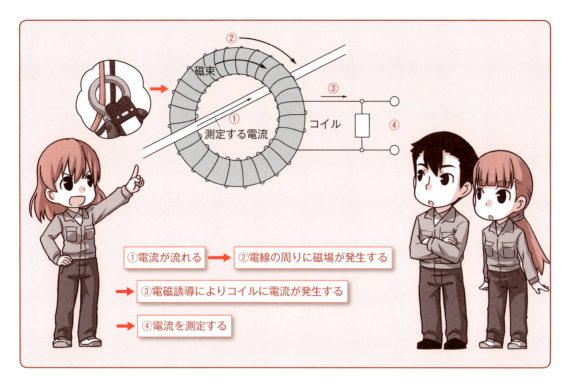

① 電流が流れる → ② 電線の周りに磁場が発生する
→ ③ 電磁誘導によりコイルに電流が発生する
→ ④ 電流を測定する

す。電磁誘導により流れた電流は、磁場の大きさと変化量に起因します。磁場は測定したい電流に起因します。よって、コイルに流れる電流を測定することにより、非接触で電線に流れる電流を測定することができます。

4．クランプセンサの種類

電流センサには樹脂で囲われた硬いセンサと、水道ホースのような曲がるセンサがあります。後者はフレキシブルセンサと呼ばれることもあります。どちらの電流センサにもコイルが入っていることは同じです。

前者の硬いセンサは、コイルの中に透磁率が高い金属が入っています。だから曲げることができません。この金属は一般的にコアと呼ばれています。コアの役目は、形成された磁場を集結させることです。

フレキシブルセンサはコイルしか入っていません。コイルの中が何も入っていないので、曲げることができるのです。

フレキシブルセンサの場合、ただコイルを貫く磁場しか測定できませんが、コアがあれば、周りの磁場も少し集めることができます。よって、小さな電流も正確に測定することが特徴です。逆に言えば、フレキシブルセンサで小さな電流を測定することは得意ではありません。

漏れ電流用センサはもう少し工夫が必要です。漏れ電流は負荷電流に比べて1/1 000程度の大きさですので、発生する磁場も1/1 000ということになります。このような非常に小さな電流をクランプ電流計で測定することは非常に難しい技術であり、負荷電流用センサと比較して特殊なセンサとなります。

まとめ

測定器の中身と測定技術について説明しました。そのほかにも正確に安全に測定するために、さまざまな工夫があります。

第3章 電気測定器 レベルアップの巻

21 測定誤差ってナンダ？

　デジタル表示はアナログ表示のように目盛りを読む必要がなく、細かな数字まで表示されるので、正確という印象があります。しかし、デジタル表示でもアナログ表示でも必ず誤差を含みます。ここでは測定誤差について考えていきます。

ハカル：うーん。

サクラ：？？

ハカル：はぁ・・・

サナエ：どうしたの？ハカルくん？遅い5月病かしら？

ハカル：このコンセントの電圧を測ってみたら、200.2Vって出るんです。交流の200Vと予想していたのに。

サナエ：ふっふ～ん。それはデジタル病ね。

サクラ：デジタル病？？ハカルくんはもう測れなくなっちゃうの？？

ハカル：なに！！あぁ、ハカレないなんて人生もう真っ暗だー！

サナエ：何を騒いでいるの！！デジタル表示の罠(わな)にはまっているということを言ってるの！！

ハカル：？？まだハカレる？？

サナエ：もちろん。

サクラ：軽症でよかったね、ハカルくん！

ハカル：えっ！重症になるとハカレないの？？

サナエ：とにかく、測定誤差について学ぶときがきたようね。

　デジタル表示は小数点以下まで表示されているので、いかにも正確に測定しているように見えます。しかし、測定値には必ず測定誤差が含まれていることを忘れてはなりません。より正確な測定を目指して測定誤差の考え方を学びましょう。

1. 必ずある誤差

　測定値には必ず測定誤差が含まれています。デジタル表示でもアナログ表示でも同じです。例えば、100.0Vと表示されたときに仕様書を見て誤差を計算すると、±1.0Vであったとします。100.0Vと表示されていますが、実は99.0Vから101.0Vの間のいずれかの値を代表して100.0Vと表示されています。つまり、100.0Vと表示されていますが、99.2Vかもしれないし、100.5Vかもしれないということです。誤差が含まれているということは、一つの測定値を指しているのではなく、ある範囲内の中のいずれかの値と示しています。

　アナログ表示の場合も誤差があります。ある値を指し示しているかのように見えますが、実は誤差があり、範囲を示しています。また、アナログ表示の場合はデジタル表示のようにだれが読んでも同じ値になりません。目盛りと目盛りの間に止まった針を読むことは、測定者により読み方が変わってしまいます。測定器の誤差もありますが、読み手の誤差も含まれることになります。

2. 誤差の種類

　デジタル表示の測定器の仕様書を広げてみると、読み値の誤差（rdg.）とデジット誤差（dgt.）に分けて書かれています。±（0.5%rdg.+5dgt.）みたいな書き方です。この2種の誤差について、順番に説明していきます。

① 読み値の誤差（rdg.）

　読み値の誤差は、リーディング誤差とも書かれています。Readingを省略してrdg.と書かれています。そして、その数字はパーセントです。この誤差は、表示値に掛け算して誤差計算できます。

＜計算例＞

　600.0Vレンジを使って100.0Vと表示されました。仕様書には、±1.0%rdg.と書かれていました。

　　100.0〔V〕×1.0〔%〕=1.0〔V〕

　よって、100.0V±1.0V（99.0Vから101.0Vの範囲）。

　読み値の誤差は、測定表示値が大きくなればなるほど誤差が大きくなることが特徴です。例えば、上記計算例で400.0Vと表示したとき、

第3章 電気測定器 レベルアップの巻

誤差は±4.0Vとなります。逆に、表示値がゼロに近いとき誤差は小さくなります。誤差を数字で見ると大きな測定値の場合、精密性に欠ける測定器であるという印象を受けます。しかしそうではなくて、あくまで相対的(比率)であり、読み値に対してはいずれの場合でも1.0%の範囲です。

② デジット誤差(dgt.)

デジット誤差は、デジタル表示特有の誤差です。最小表示桁を1dgt.として誤差を表現しています。例で説明したほうがわかりやすいと思います。

＜計算例１＞

600.0Vレンジを使って10.0Vと表示されました。仕様書には、±5dgt.と書かれていました。

600.0Vレンジの最小桁は0.1Vですので0.1Vが1dgt.となり、±5dgt.=±0.5Vです。

よって、10.0V±0.5V（9.5Vから10.5Vの範囲）。

＜計算例２＞

60.00Vレンジを使って10.00Vと表示されました。仕様書には、±5dgt.と書かれていました。

60.00Vレンジの最小桁は0.01Vですので0.01Vが1dgt.となり、±5dgt.=±0.05Vです。

よって、10.00V±0.05V（9.95Vから10.05Vの範囲）。

このように、デジット誤差は測定レンジにより大きさが変わり、最小表示桁が小さければ小さな誤差になります。読み値の誤差のように表示値により増減することはなく、レンジで決まることが特徴です。

実際の仕様書を見ると、１種の誤差で書かれていることは少なく、±(1.0%rdg.+5dgt.)のように２種の誤差の足し算になっています。

＜計算例＞

600.0Vレンジを使って100.0Vと表示されました。仕様書には、±(1.0%rdg.+5dgt.)と書かれていました。

読み値の誤差は±1.0V、デジット誤差は±0.5Vです。２種の誤差を加算して、±1.5Vになります。

よって、100.0V±1.5V（98.5Vから101.5Vの範囲）。

最適な測定レンジで測定することは、誤差が

小さい測定となります。しかし、最近のデジタル表示の測定器は、測定した値に最適なレンジを自動的に判断する、オートレンジ機能があります。また、マニュアルレンジ機能に設定すれば、従来どおり、手動でレンジを切り替えることができます。

3．その他の誤差要素

もう一つ別の観点があります。どのような環境で測定しても、一律同じ誤差で測定できるわけではありません。悪環境、例えば40℃以上の環境、高湿度環境などです。これも取扱説明書の仕様書に確度保証範囲が書かれています。

また、確度は生涯保証されているわけではなく、1年ごとに校正（確度範囲に入っているか確認する）することが望ましいです。電子部品は経年変化がありますので、確度がずれていきます。

4．現場で必要な誤差の考え方

デジタル表示の測定器を使用すると、小数点以下まで測定できるので、あたかも精密に測定しているという錯覚があります。しかし実際はどのような測定値にも誤差が含まれているという認識を持つことが重要です。

とはいえ、製品仕様の誤差を暗記する必要はありません。今使用している測定器の特性として、「100Vを測定したら、おおよそ±1Vの誤差がある」という知識を持つだけで十分です。

このような認識を持って現場で測定すれば、ハカルくんのように「200Vと思って測定したら、200.2Vだった!!」と慌てることもなくなります。

誤差範囲が狭い測定器が正確ではありますが、現場ではむしろ安定して測定できることが求められます。繰り返し同じ箇所を測定してもばらつかない、測定値がふらつかない、測定を始めると瞬時に値が表示されることが優れた測定器なら安定した測定ができます。仕様書には現れない要素ですが、現場では重要な要素です。

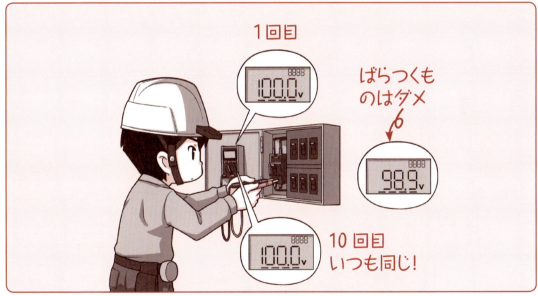

まとめ

測定値には必ず誤差が含まれます。測定誤差とうまく付き合い、測定技術のスキルアップを目指しましょう。

第3章 電気測定器 レベルアップの巻

22 正しくハカルための校正

測定誤差のことを学び、測定器についてもっと詳しくなりました。ここでは測定器の校正について学びます。聞き慣れない言葉かもしれませんが、測定器にとって非常に大切な概念です。

ハカル：先輩！！昨日は健康診断のため、仕事を早く上がらせてもらいました。その後、忙しかったですか？

サナエ：ハカルくんが事前に抜けるのを知っていたから、予定とおりの仕事だったわよ。

サクラ：そうそう、持ちつ持たれつ。

ハカル：ありがとうございます。

サナエ：それで結果はどうだったの？？

ハカル：万全でした！！健康第一・・・で・・・す。

サクラ：？？

ハカル：いや、測定第一、健康第二、かな？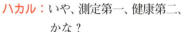

サナエ：そう思うなら、測定器の校正って知っている？？

ハカル、サクラ：校正？？

サナエ：測定器も定期的に点検しなければならないのよ。

ハカル：いつも測定器を磨き、始業前点検もバッチリです。

サナエ：それだけではダメ。使っているうちに測定値が正しくなくなることがあるのよ。

ハカル：えぇーっ！！測定器が風邪をひくのですか！？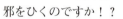

サクラ：(風邪をひくわけではないけど、まぁ、やる気はあるからいいか・・・)

ハカルくんの測定器愛は相当なものです。測定器も機械です。使っているうちに知らず知らずに、間違った値を表示することがあります。

1. 校正はなぜ必要？

「校正」という言葉は馴染みが少ないかもしれませんが、測定器にとって非常に大切なことです。測定器も電子機器ですから、長年使用していると買ったときのままの能力を保つことができません。少しずつですが、測定器内部の電子部品が劣化していき、間違った測定値を表示することがあります。

そもそも、何を理由に測定値が正しいといえるのでしょうか？買ってきたばかりの新品の測定器が表示する値をなぜ信じることができるのでしょうか？

測定器メーカーは測定器を出荷前に正しい値が出るように調整して、検査しています。だから買ってきたばかりの測定値は、製品仕様で決められた測定確度の範囲で正しく表示されます。これを証明する書類が、検査成績表や校正証明書です。製品に付属しませんが、購入時に注文すれば入手できます。立会検査などでときどき検査成績表、校正証明書、トレーサビリティ体系図を要求されますので、必要に応じて用意しておく必要があります。

いろいろ聞いたことがない言葉が出てきましたので、一つずつ細かく見ていきます。

2. 校正の方法

まず、「校正」です。校正とは、標準器を用いて、計測器が表示する値と真の値との関係を求めることです。もし、テスタでコンセントを測定し、100.0Vと表示されたとします。これで測定器が正しい値を表示していると考えるのは安直です。コンセントから100.0V出力しているかどうかわからないからです。もし、100.0Vを出力できる発生器（電圧を可変して出力できる電源）があればどうでしょうか？その発生器の出力を信じれば、テスタは正しく表示されていると言えそうです。発生器のように設定した値を正

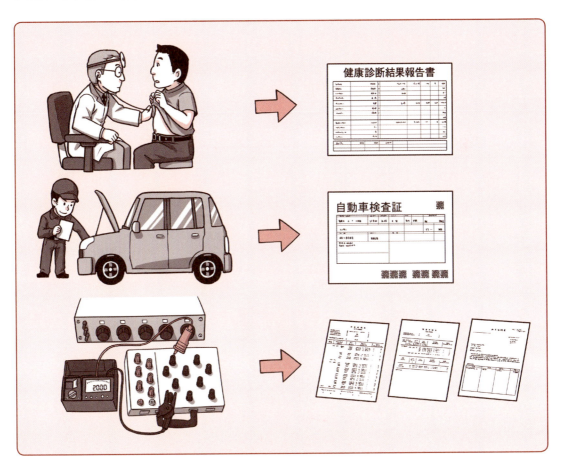

確に出力できる基準となる機器を標準器といいます。標準器は校正しようとしている測定器よりも精密な機器を用います。

測定器には、たくさんの測定機能（ファンクション）があり、測定レンジがあります。テスタなら電圧、電流、抵抗など、すべての測定機能について検査しなければなりません。また、それぞれの機能の測定レンジ一つずつについて検査しなければなりません。精密な測定器になると、一つの測定レンジに対して、複数検査することもあります。測定器メーカーが、校正に必要な検査項目を決めています。

これらの検査結果をまとめた書類が検査成績表です。ファンクションとレンジごとに検査した結果と確度仕様を比較して、正しい測定ができているかどうか判定しています。あまりにも

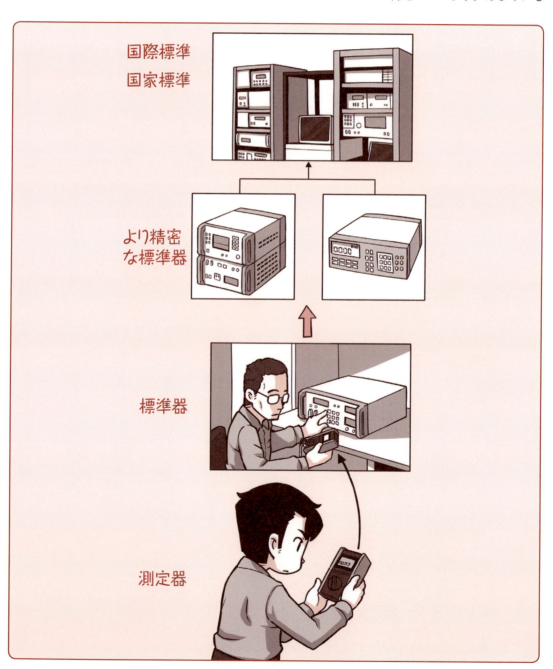

たくさんの検査項目がある場合は、代表値のみが書かれています。

テスタの電圧ファンクションを例にとって説明します。標準器として発生器を用います。発生器の出力をテスタへ入力して、測定します。発生器が出力する値とテスタが表示した値とを比較して、確度仕様内かどうか判定します。このとき、もちろん発生器から出力される電圧は、テスタに比べて精密に制御できる機器を使用します。例えば、小数第1位まで測定できるテスタなら、小数第3位まで正確に出力できる発生器を使う、というようにです。

校正証明書は、細かな検査項目は一切書かれていません。検査した日付と、すべての検査において確度仕様内であることを証明する書類です。その検査詳細が検査成績表に書かれているという関係にあります。

3．トレーサビリティ

さて、校正は基準となる標準器と値を比較することにより、正しいか間違っているのか判定することがわかりました。それではその標準器は正確でしょうか？実は標準器も校正が必要でもっと精密な標準器により校正されています。さらにその精密な標準器は、もっと精密な標準器で校正されています。辿っていくと、日本の国家標準にあたります。

国家標準があるから、どのメーカーの測定器を買ってきても1Vなら1Vと表示するのです。もし、国家標準が定まっておらず、各メーカがバラバラの標準を使っていれば、バラバラの測定値になります。

この問題は日本だけではとどまりません。アメリカや中国製の測定器は別の基準で校正しているとすると、バラバラの値になります。つまり、国際標準があります。日本の国家標準も国際標準から校正を取っています。世界共通の標準を使うことにより、どこの国でも同じ値を表示することができます。

これは測定器だけの話ではなく、ものさしでも同じ話です。例えば、1cmという国際標準があって、いろんな標準器を経て、ものさしの1cmの目盛りが刻まれています。

トレーサビリティ体系図とは、測定器がどのような校正器を介して国家標準などに結びついているか示す書類です。測定器がどのような標準器を使って校正され、国家標準に辿り着くかを一望できます。

初めて聞いた方には難しいかもしれません。平たく言って、測定器検査結果が、校正証明書、検査成績表。全体を鳥瞰する書類が、トレーサビリティ体系図と考えておいてください。

4．校正周期

測定器を使い続けると、内部回路が少しずつ劣化してきます。劣化原因として考えられることはたくさんあります。落下、衝撃などの物理的な原因。高温、高湿度などの環境による原因。そして、丁寧に使用していても避けられない要因として、経年変化による劣化があります。

始業前点検では、測定値の良し悪しを判断できません。主にプローブの断線や安全に関わるチェックだからです。測定値が正しいかどうか判断するには、校正しかありません。

校正は毎日するようなものではありません。測定器メーカーが校正推奨期間を決めていて、現場測定器なら1年に一度の校正が望ましいです。測定器メーカーや校正機関で校正してもらいます。1週間ぐらいかかることもありますので、測定器を使わないときに計画的に校正してください。

まとめ

測定器は使わなくても劣化します。測定器を定期検査することにより、末永く完ぺきな状態で使い続けることができます。道具を大切にして、いつでも使う準備をすることが、良い仕事をする秘訣です。

コラム②：スマホ活用で変わる現場計測

ハカル：？？先輩、測定中にスマホを取り出して何しているんですか？？作業中に危ないですよ。

サナエ：ハカルくん、見て！

ハカル：！！ス、スマホに、そ、測定値が表示されてる！？

　電線が込み入ったところにクランプ電流計をはさんでも、表示が見えないという経験はないでしょうか？

　最新の現場測定器はBluetooth®通信でスマホに接続することができます。現場測定器の表示がそのままスマホにも表示されますので、離れた場所でも測定値を読むことができます。

　これだけでも現場作業が楽になりますが、スマホ活用はさらにもっと進んでいます。

オシロのように波形を見る

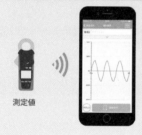

電流や電圧の波形を見ることができます。

数字だけではなく、波形を測定すると、より多くの情報を得ることができ、トラブルの原因追求に役立ちます。

消費電流の変動をリアルタイムに把握

クランプ電流計で電流の負荷変動を記録することができます。

竣工検査の照度測定工数を削減

図面上に、測定した照度測定の値を置くことができ、測定しながら竣工検査の報告書を現場で作成できます。

写真上に測定値を記録、報告書を作る。

スマホで写真を撮り、その上に測定値を置くことができます。その写真をメールやチャットに送れば現場状況を詳細に共有できます。

第4章

電気測定器──ケーススタディの巻

第4章 電気測定器 ケーススタディの巻

23 ケーススタディ① ―検電器・テスタ編―

今まで測定器の原理について学びましたが、ここからはケーススタディから使い方のポイントや注意点を学びます。

ハカル：はっ！！

サクラ：どうしたん？ハカルくん？

ハカル：測定できないからおかしいなって思って、よくよく考えたら勘違いしていることに気づいた。

サクラ：さすが、ハカルくん！！

サナエ：・・・。

ハカル：自分が思っている結果とは違うものが表示されると、「なぜか？？」って心がけるようにしているんだ。

サクラ：そうやね。そうやって考えながら作業するって大事なことやね。事故が起きてから学ぶんなら遅いしね。

サナエ：自分が思ったとおりの測定結果が表示されたけど、「合ってる？？」って考えることってあるかしら？？

ハカル、サクラ：！！

サナエ：予想どおりの結果が出ると信じてしまうけれど、それも思い込みってこともあるわよ。

ハカル：！！ 先輩っ！！何を信じればいいかわからなくなりました・・・。

サナエ：よく考えて作業するってことよ。その積み重ねが財産になっていくのよ。

ハカル、サクラ：精進（しょうじん）します。

今回から測定器一つずつの観点ではなく、現場視点で問題を掘り下げます。

㉓ケーススタディ① ―検電器・テスタ編―

1 ブレーカを落としたのに、検電器が動作する

ハカル：それではブレーカを切り
　　　 ます。

 サナエ：いいよ。

ハカル：（ガチャン）続いて検電器
　　　 で電圧を確認します。

 サナエ：・・・。

ハカル：（ピーピーッ）？？

 サナエ：？？

ハカル：先輩、ブレーカを切った
　　　 のに電圧が来ています。
　　　 なぜですか？？

　検電器は非常に便利な測定器ですが、表示がないため何が起きているかわからなくなることがあります。このようなとき、慌てることは禁物です。まずは状況を理解しましょう。焦って感電事故にならないように！！

＜考えられる理由＞
（1）検電器が起因
① 検電器が壊れている

コンセントなど100Vが確実にあるところ、ないところに当てて、検電器の始業前点検を再確認しましょう。
② 検電器の感度調整
　感度調整ができる検電器の場合、感度が高く設定しすぎる場合があります。このとき、近くの生きた電線の電気を感知して、検電器が鳴ることがあります。①同様、100Vが確実にあるところで試してみましょう。

（2）配線が起因
　問題になったブレーカの周りをよく観察します。
① 近くに高圧電線がある
　高圧電線の電気を感知して検電器が反応している場合があります。検電器ではわからないので、テスタでブレーカの電圧を測定してください。
② 配線が間違っている
　ブレーカは切れていても、ほかの系統と亘って電圧が供給し続けている場合があります。配線工事が間違っている場合もあります。テスタで電圧を測定してください。

ハカル：まだまだ考えられる理由
　　　 がありそうだな。

 サナエ：まずは目視して、よく考
　　　　　 えること。

2　100V回路が100Vにならないわけ

サナエ：それじゃあ、ブレーカを入れてちょうだい。

ハカル：はい。（ガチャン）

サナエ：復旧したか、電圧を測定しておいてね。

ハカル：はい。

サナエ：？？？

ハカル：？？？　先輩、100Vにならないです。

サナエ：電圧が来ていないってこと？？

ハカル：いや、99.8Vなんです。

これは問題かもしれないし、問題ないかもしれないです。100Vと予測していたのに低く表示されたり、高く表示されたりすれば不安になりますよね？？　実際100Vと言っても、少し高い電圧で供給されているので、99.8V は少し低く感じるかもしれません。

＜考えられる理由＞
（1）測定器が起因
① 測定器が壊れている
　ほかの箇所を測定してみて、正常に測定できることを確認しましょう。別の測定器を借りてきて、値を比較することも有効です。測定器が悪いのか、電圧が低いのか、問題を切り分けることができます。
② 測定誤差
　測定誤差を考えると、100Vと言えるかもしれません。使用している誤差の計算式を覚える必要はありませんが、100Vのときのだいたいの誤差の大きさを覚えておくと便利です。
（2）配線が起因
① どこかで電圧降下している
　その配線のどこかで少し漏電している場合、電圧が落ちることがあります。その配線のほかの部分の電圧を測定してみることで、確認できるかもしれません。例えば、ブレーカの二次側では正常なのに、コンセントでは低くなるなど、現象がつかめるかもしれません。

サナエ：これは奥が深い問題よ。

ハカル：誤差だけでは片付けられない理由もあるんだ。

3 電圧測定で火花が出た！

サナエ：ちょっとそこの電圧測定してみて。

ハカル：はぁーい。

サナエ：・・・。

ハカル：バチッ！！！！！！
うわぁーっ！！

サナエ：大丈夫！！ ハカルくんっ！！

ハカル：何が起きたのですか・・・先輩・・・。

テスタは1台で測定できる項目がたくさんあり、すごく便利です。でも、それが仇になることがあります。その一つが電流ファンクションに設定して、電圧測定することです。

電圧測定の内部インピーダンスは高抵抗です。よって、通電部分に当てても安全です。それに対して、電流ファンクションの内部インピーダンスはゼロに近いです。この状態で電圧測定すると短絡したことになり、壊れます。

一瞬のことですが、壊れ方にもいろいろあります。

（1）プローブの先が消失
プローブ先の金属部が一瞬に溶けてなくなります。ブレーカなどに焦げが付くこともあります。

（2）テスタ内部のヒューズが切れる
テスタ内部に保護用ヒューズがあり、それが速断します。ヒューズを交換すればいいですが、ほかの部分が損傷していないか、点検に出すことをお勧めします。

（3）ブレーカが落ちる
ブレーカに過電流が流れることになり、ブレーカが落ちます。

（4）感電事故
テスタやブレーカなどの安全装置が働かなかった場合、感電事故に結びつくことがあります。

もし、工場稼働中でブレーカを落したり、事故を起こすと、損害賠償、出入り禁止など大変なことになります。何よりも電気工事士としての信頼が失われます。

第4章 電気測定器 ケーススタディの巻

4　プローブの断線

ハカル：うん？？

　　　　サナエ：・・・。

ハカル：あれ？？

　　　　サナエ：どうしたの、ハカルくん？？

ハカル：値が出たと思ったら、0Vになってしまったのです。でも、ときどき100Vが出るんです。

　　　　サナエ：始業前点検はやったの！？

ハカル：そのときはよかったんだけど・・・。

　現場では予想していないことが起こります。始業前点検で正しく動作したけれど、測定するとどうも動作が不安定。測定器が正しいかもしれないし、そうではないかもしれない。よくあることです。

　まずは、問題の切り分けをしなければなりません。信じられない結果が出れば、何よりも先にその原因を探ります。

　この例の場合、測定器を疑って間違いありません。もし、0Vになったり100Vになったりするという現象が正しいなら、停電したり復旧しているということです。そんな現象が起きていないなら、測定器が原因の可能性が非常に高いです。

＜考えられる理由＞

（1）測定器本体が悪い？？

　もう一度、始業前点検をして確かめましょう。電池がないときも、このような表示になる可能性があります。

（2）プローブが悪い？？

　プローブが端子から外れかかっているかもしれません。断線かもしれません。外観でわかる場合もあります。

　導通チェックファンクションにして、短絡させます。導通が取れていないなら断線です。コードをあらゆる方向に動かしてみて、導通が取れるかチェックしてみてください。

（3）プローブの当て方が悪い？？

　この可能性もあります。測定箇所に油で覆われていたり、錆びていたり、そもそも当たっていない場合もあります。

ハカル：先輩・・・断線でした・・・。プローブ貸してください。

　　　　サナエ：はい、どうぞ。原因がわかれば、安心して作業ができるわ。

ハカル：ありがとうございます。

24 ケーススタディ②
―クランプ電流計・漏れ電流計編―

ここで測定時に起こるさまざまなトラブルを、ケーススタディから見ていきましょう。

サクラ：クランプ電流計って不思議やね？？

ハカル：触らないで電流が測れるなんてかっこいい！！

サナエ：不思議でかっこいい測定器だけど、測定原理がわかっていると何てことはない。

ハカル：そうなんです、先輩。

サクラ：安全に測定できるけど、それでも注意することはあるもんね。

サナエ：それはそうよ。測定方法を間違えると、読み間違えることもあるし、壊れることもある。

ハカル：そんなこともありました・・・。

サクラ：どんなことがあったん？？

サナエ：ハカルくんの失敗談を振り返ってみよう！

1　クランプが入らない

ハカル：む、むむむ・・・。よいしょっと。

サクラ：何を力入れて測ってるの？

ハカル：い、いや、クランプ電流計が入らなくて。

サクラ：あーっ！測定器がかわいそう！！

ハカル：そ、そうなんだけど、測りたいんだっ！！

サナエ：ばっかもーんっ！

　これはやってはいけません。クランプ電流計の故障原因となります。

　狭い分電盤であったり、線が太くてクランプ電流計が挟めないことがよくあります。それを無理して挟もうとすると、どうしてもセンサに無理な力がかかってしまいます。

　その結果、センサが閉まらなくなったり、ケースが割れたりします。正しく測定できなくなるだけならまだしも、安全を損なう故障に発展すると、感電の危険性も出てきます。

　測定したい電線の太さに応じて、測定器を持ち替えるべきです。狭い場所なら小さい口径や薄型のセンサ。太い電線なら大口径センサ。測定器メーカーからさまざまな形状のクランプ電流計が発売されています。

　クランプ電流計の仕様書で、口径は直径で書かれています。現場ではIVの38スケのように、

第4章 電気測定器 ケーススタディの巻

単位が違います。次のページにある表は直径と断面積の対応表ですので、クランプ電流計を購入するときに、参考にしてみてください。

最近の盤は省スペース化により、盤が狭くて電線が太いという場合があります。大きな口径のクランプ電流計で測定したいけど、狭くて入らない、ということになります。その要望に応えた、フレキシブルセンサがあります。センサが固くなく、柔らかいです。狭い所にも入り、非常に便利です。

 ハカル：ごめんよ！！俺の測定器。

 サナエ：そうそう、測定器は精密機器だから大切に！

サクラ：そやで。ハカルくんらしくない。

 ハカル：はい・・・大切にします。

仕上り外径（クランプ電流計測定可能導体径〔φ〕）

種別	10mm		20mm		30mm		40mm	
IV 600V 単心	8mm²	22mm²	60mm²	150mm²	250mm²	400mm²		
	14mm²	38mm²	100mm²	200mm²	325mm²	500mm²		
CV 600V 単心		8mm²	22mm²	60mm²	150mm²	250mm²	400mm²	
		14mm²	38mm²	100mm²	200mm²	325mm²	500mm²	
CV 600V 3心				8mm²	22mm²	60mm²		150mm²
				14mm²	38mm²		100mm²	
CVT 600V 3心				8mm²	22mm²	60mm²		150mm²
					14mm²	38mm²	100mm²	

2 閉じないクランプ

ハカル：・・・。

サクラ：で、測れたの？？

ハカル：先輩にクランプ電流計を借りたんだけど。

サクラ：それで？？

ハカル：測定値がゼロなんだ。

サクラ：それじゃあ、ゼロなんじゃないの？

ハカル：いや、そんなはずはないんだ。

クランプ電流計で正しく測定できない理由はたくさんあります。今回の場合、電線が太いので、センサが閉まっていない可能性があります。

クランプセンサは閉じなければ、正しい測定ができません。完全に閉じていなく、半開きの状態でも測定値が出ることがありますが、正しい測定値ではありません。値がフラフラしたり、少し測定器を動かすと、値が変化するような現象が出ます。

正しいかどうか見極めるために、2、3度測定することを習慣づける方法があります。一度測定してから、センサを開いて閉じてみる。それほど測定値が変化しないなら、正しいと判断します。

それでも、クランプセンサが閉じているかどうかが疑わしい場合は、目視しかないです。しかし、センサの合せ目は電線の裏側になり、覗き込まなければなりません。高圧がある盤を覗き込む行為は、非常に危険です。

ハカル：（カシャンカシャン）よし。

サクラ：測れた？？

ハカル：やっぱり閉じてなかったみたい。2度目と3度目の測定では、同じ値だったから。

サクラ：そんなことあるんだね。

第4章 電気測定器 ケーススタディの巻

3 フォーク型クランプの注意点

ハカル：先輩、大変です。

サナエ：？？？

ハカル：このクランプは閉じません！！

サナエ：あぁ、フォーク型のクランプね。それはそういうものよ。

ハカル：だって、さっきクランプは閉じる、って学んだところなのに！！

狭い分電盤を測るために開発された、フォーク型のクランプ電流計があります。これは名前のとおり、フォークの形になっていて、閉じることができません。測りたい電線に押し当てることで、電流を測定することができます。

しかし、電流センサの原理から考えると、センサは閉じなければなりません。ということはフォーク型センサの使い方に何か制限がありそうです。

フォーク型クランプ電流計は便利ですが、使い方を間違えると正しく測定できません。その使い方とは、センサの奥までグッと電線を押し当てることです。フォークの入り口や中途半端な所に電線があると、正しく測定できません。正しく測定していないときは、ゼロであったり、本当の電流値より低く表示されます。必ず電線が奥まで入っていることを確認しましょう。

先ほど述べましたが、電流センサは閉じなければ正しく測定できません。通常のクランプを優先的に使用して、どうしても測定できないときは、フォーク型クランプを使用します。そのとき、上記注意点があるということを頭に入れておきましょう。

ハカル：確かに便利だけど、正しく測りたいからやっぱり普通のクランプがいいや。

サナエ：そうなんだけど、現場ではそうは言ってられない場合もあるのよ。

ハカル：うーん。どっちを取るか・・・。

サナエ：時と場合によるけど、欠点をしっかり知って使う必要があるね。

ハカル：はい！

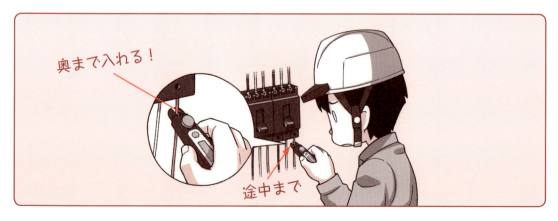
奥まで入れる！ / 途中まで

4 漏れ電流が出ない！

ハカル：うーん…。この場合は…。

サクラ：なにやってんのん、ハカルくん？？

ハカル：話しかけないで！！今すごく考えながら測定しているんだ！！

サクラ：ふーん。

ハカル：・・・？？

サクラ：さては、漏れ電流を測定したいの？？

ハカル：なんでわかったんだ？？サクラちゃん？？

サクラ：そりゃあ、クランプ電流計で2本電線を挟んでるって言ったら、漏れ電流でしょ。

ハカル：うん、でもね・・・。

サクラ：？？？

ハカル：漏れ電流が0Aなんだ。

サクラ：えぇー！！そんなこと悩んでたん？？わたしはなぜだかわかっちゃったよ！

ハカル：ガーンッ！

　順番に理由を考えていきましょう。漏れ電流をクランプ電流計で測定するときは、2本とも電線を挟みます。負荷電流を測定するときは1本、漏れ電流は2本（三相のときは3本）でした。ハカルくんとサクラちゃんの会話を聞いていると、測定方法は間違っていないようです。

　次に考えられるのが、使用する測定器が間違っているという理由です。漏れ電流用クランプ電流計は10μA（=0.00001A）まで測定できる特殊なセンサです。すごく微小な電流を測定することができます。それに対して、負荷電流用はせいぜい0.1Aまでです。

　例えば、漏れ電流が1mA（=0.001A）流れている箇所を負荷電流用クランプ電流計で測定すれば、0.0Aと表示されます。そんなに小さな電流を測定できないからです。

　次に考えることが、測定方法も測定器も正しくて、本当にゼロである場合です。この可能性もあります。漏れ電流はゼロであるほうが機器が正常です。逆に本当は漏れ電流があるのに、測り間違ってゼロと結論付けると、絶縁不良を見逃すことになり、感電の恐れが出てきます。

サクラ：正解は・・・ほら、これは負荷電流用のクランプ！！

ハカル：あっ、そうか。

第4章 電気測定器 ケーススタディの巻

5 漏れ電流計はクランプ電流計になる？

サナエ：まだまだ甘いねぇ、ハカルくん。

サクラ：まだまだ青いねぇ、ハカルくん。

ハカル：・・・。

サナエ：それじゃあ名誉挽回。これはわかる？？

サナエさんが測定したのは、漏れ電流用クランプ電流計だけれども、電線は1本しか挟んでいません。このときの測定値は何が表示されるでしょうか？

ハカル：うーん。

サクラ：クランプ電流計の原理を思い出して、ハカルくん！

ハカル：あれ、サクラちゃんはわかってるの？？

サクラ：原理がわかっていたら、簡単簡単。

正解は、負荷電流です。クランプセンサはその中を貫く電流だけを測定します。1本しか挟んでいなければ、その電線に流れる電流だけを測定するので、負荷電流ということになります。

漏れ電流の場合、2本挟んでいます。これは、負荷に行く電流と負荷から帰る電流を測定していて、方向は逆になるから、その差を測定していることになります。正常な場合は行きも帰りも、ほぼ同じ大きさの電流ですので、その差は小さな電流値になるのです。

漏れ電流用クランプ電流計は微小な電流測定を得意としますが、上は100Aぐらいまで測定できるものがあります。よって、負荷電流を測定するときにも、挟み方を変えるだけで役立ちます。

詳しくは測定器の仕様書を見てください（中には負荷電流を測定できないものもあります）。

6 実効値方式と平均値方式の違い

ハカル：新しいクランプ電流計を買ったんだ！！

サクラ：見せて見せて。

ハカル：ほら、かっこいいだろう。これが安かったんだ。

サクラ：あっ！！

ハカル：どうしたの！！

サクラ：このクランプって平均値方式じゃあない？？

クランプ電流計もテスタも平均値方式と実効値方式があります。実効値方式は、真の実効値と書かれている場合があります。測定器には測定器メーカーにもよりますが、RMSやTRMS、True RMSと書かれています。

この二つの差は、歪んだ波形を正確に測定できるかどうか、です。平均値方式は正弦波、つまりきれいな波形しか測定できません。

一方、実効値方式は正弦波はもちろん、歪んだ波形も測定できます。二つの測定器で歪んだ波形を測定すると、平均値方式のほうが小さな測定値を表示し、それは間違った値です。

現場で測定する電流は歪んでいることが当たり前です。必ず実効値方式を使ってください。

サクラ：よく仕様を確認して買わないといけないよ。

ハカル：（シュン）

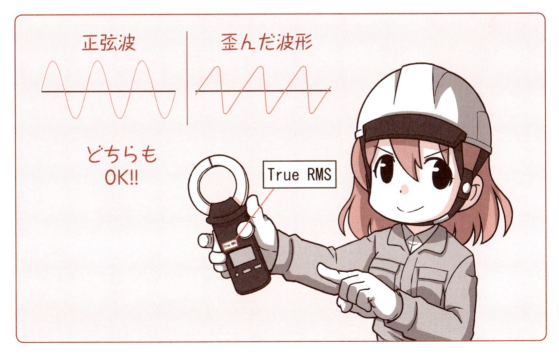

第4章 電気測定器 ケーススタディの巻

25 ケーススタディ③ ―絶縁抵抗計編―

絶縁抵抗計を測定するときに起こるさまざまなトラブルを、ケーススタディから見ていきましょう。

サナエ：今日は絶縁不良の原因を見つける作業をやるから、覚悟して。

ハカル：覚悟って？？

サナエ：すぐに見つかるかもしれないし、長丁場になるかもしれない。

ハカル：測定器で思いつくのは絶縁抵抗計か、漏れ電流計。そんなに測定に時間がかからないのになぁ。

サナエ：甘いよ、ハカルくん！

ハカル：！？

サナエ：ブレーカの故障やモータが絶縁不良とか、電線の被覆が破れているなんて簡単な原因じゃあないの。

サクラ：そやで、ハカルくん。

ハカル：なぬ！？サクラちゃんはわかるの？？

1 漏電ブレーカが落ちても正常？

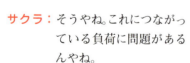

ハカル：！！これは、確かに漏電ブレーカが落ちている。

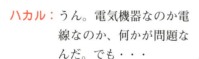

サクラ：そうやね。これにつながっている負荷に問題があるんやね。

ハカル：うん。電気機器なのか電線なのか、何かが問題なんだ。でも・・・

サクラ：？？

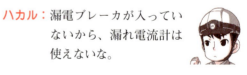

ハカル：漏電ブレーカが入っていないから、漏れ電流計は使えないな。

サクラ：当たり前やん。

ハカル：絶縁抵抗は・・・と。はい、正常。

サクラ：えっ！えーっ！！

㉕ケーススタディ③ ―絶縁抵抗計編―

まず、当たり前のことですが、ブレーカが落ちていると漏れ電流計は使えません。漏れ電流計は、通電中に絶縁状態を測定できる便利な測定器ですが、ブレーカが落ちていると死線になりますので、測定できません。漏れ電流計で測定して、0mAだから漏れ電流がないと判断することは、間違っています。

この場合、絶縁抵抗計で絶縁測定するしかないです。

漏電ブレーカが落ちているということは、その系統に何かしらの漏電、つまり絶縁不良箇所があるということです。ただし、その不良箇所がずっとあり続けるとは限りません。

定常的に漏電している場合、絶縁抵抗を測定すると絶縁不良を示すでしょう。不良箇所があり続ける場合です。工事不良や、電線が絶縁不良になっていると、機器の故障のように、はっきりと原因がわかる場合が多いです。

しかし、このケーススタディの場合、漏電ブレーカは落ちていますが、絶縁抵抗は正常です。どのような原因が考えられるでしょうか？

考えられる原因の一つは、故障した機器が接続された分岐ブレーカも、漏電ブレーカと同時に落ちた場合です。分岐ブレーカが切れていて、故障機器が接続されていませんので、絶縁抵抗は正常になります。このように、複数のブレーカが落ちる場合があります。

別の原因として、故障機器の電源が落ちたことにより、故障機器内部の絶縁不良箇所が切り離された場合があります。漏電ブレーカを入れて、故障機器が作動すると、再び漏電が起きる可能性があります。

そのほか、間欠(瞬時)的に漏電する場合があります。この原因を探すのが一番やっかいな問題です。ある機器の特定の機能を作動したときや、電線を動かしたとき、電線を踏んだときなど、原因はさまざまです。絶縁不良の機器が複数あり、複数台動作したときのみ漏電ブレーカが作動することもあります。漏電ブレーカを入れても、しばらくは問題ないかもしれませんが、原因が特定できていないので、再び漏電ブレーカが作動する可能性があります。

サナエ：測定したときは良くても、漏電ブレーカが作動した事実はあるのだから、しっかりと原因を追求してね。

ハカル、サクラ：はぁーい。

2 漏電ブレーカが作動しない！

ハカル：わっ、先輩！！漏れ電流が大きいです。

サナエ：えっ？？でも、漏電ブレーカは働いていないよ。もしかして、ハカルくん…

ハカル：？？

サナエ：やっぱり。凡ミスよ、ハカルくん。

　漏電ブレーカに、インバータからの高調波ノイズが通っています。このインバータノイズによる誤作動を防ぐため、漏電ブレーカの中にはローパスフィルタが入っています。

　つまり、漏電の判定に必要な 50 Hz、60 Hz 付近の周波数のみに、反応するように漏電ブレーカは、作られています。実際は、150 から 180 Hz 程度の周波数以下の漏れ電流で判定しています。

　一方、クランプ漏れ電流計にはローパスフィルタ機能があります。

　ON にすると、漏電ブレーカと同じ 150 から 180 Hz 程度のローパスフィルタを通した測定値が表示されます。

　OFF にすると、インバータノイズを含めた値になります。OFF にしたときのほうが大きな値になります。

　ハカルくんの凡ミスは、ローパスフィルタを OFF にして測定したことでした。つまり、漏電ブレーカには反応しないインバータノイズを含めた測定をしたため、大きな値が表示されました。インバータノイズの大きさは、環境により異なります。

サナエ：しっかりと測定しないと、間違った判断になってしまうのよ。

ハカル：はい。すみません。

3 止まらない絶縁抵抗値！

ハカル：わぁー！

サナエ：どうしたの、ハカルくん？？

ハカル：絶縁抵抗の値が大きくなってきて、全然値が止まらないんです。

　絶縁抵抗を測定するときに、測定値が瞬時にピタッと表示されることもありますが、ダラダラといつまで経っても増え続けることもあります。後者の場合、いつまで待てばいいかわからなくなります。

　これは、容量成分が大きい箇所を測定するときに起きます。例えば、太陽光発電の容量成分が非常に大きいので、測定値が落ち着くまでに時間がかかります。

（1）絶縁抵抗値は増え続けて、測定時間がかかる理由

　絶縁抵抗計から試験電圧を出力し、容量に電流が流れ始めます。そして容量に充電されていくと、やがて電流が流れなくなります。オームの法則を思い出してください。抵抗＝電圧÷電流、です。試験電圧は一定ですが、時間が経つにつれ充電電流が小さくなります。つまり、抵抗が増えていくということです。

　容量成分が小さければ、一瞬のうちに充電されるので測定値がピタッと表示されます。しかし、容量成分が大きければ、充電に時間がかかり、絶縁抵抗値が増え続ける現象になります。

（2）測定するタイミング

　一つの測定の区切り方として、1分値があります。測定開始してから、1分後の表示値を絶縁抵抗値として記録します。このとき今後の参考のため、測定方法の備考として「1分値」と記録しておきましょう。

ハカル：あぁびっくりした。測定器が故障したと思いました。

サナエ：時には測定器の故障の場合もあるから、気をつけて。

サクラ：いろんな可能性は捨てたらアカン、ってことやね。

止まらない！

第4章 電気測定器 ケーススタディの巻

4 試験電圧を間違えると・・・

サナエ：125 Vで絶縁測定してちょうだい、ハカルくん。

ハカル：はい、125 Vですね。

サナエ：試験電圧を間違えるとだめよ。125 Vね。

ハカル：はい（でもなぜ間違えるとだめなんだろう？？）。

　複数の試験電圧の中から選べる絶縁抵抗計と、一つの試験電圧しか出力できない絶縁抵抗計があります。代表的な試験電圧は50 V、125 V、250 V、500 V、1 000 Vです。試験電圧を間違えてしまうと、お客さまの機器を壊してしまう可能性があります。なぜ、そのようなことが起きるのでしょうか？

　100 Vの分岐ブレーカに複数の電気機器が接続されている例で考えましょう。100 V系ですので、試験電圧125 Vで絶縁抵抗を測定することが正しいです。相間（L-N間）絶縁抵抗を測定する場合で考えます。

　125 Vの電圧がかかっている箇所は、ブレーカの両端、電線、各機器のコンセントとなります。もし、間違って250 Vの電圧をかけたとき、ブレーカ、電線は壊れることはありませんが、各機器のコンセントに250 V入力することになり、機器が壊れることがあります。

　しかし、本当はもっと高い電圧をかけて測定するほうが、より安全性を確認できる方法です。現に一昔前の絶縁抵抗計の試験電圧は、500 Vか1 000 Vしかありませんでした。高い電圧を入力しても絶縁破壊せず、高い絶縁抵抗を保つことができるほうが安全です。

　しかし、最近の電子機器は壊れる可能性があるので、試験電圧125 Vで測定し、最低限の安全性を確認するほうが一般的です。ただし、現場によっては試験電圧を指定されることがあるので、現場の指示に従いましょう。

サナエ：ほら、作業中は考えごとをしない！集中、集中！！

ハカル：はい（天の声が聞こえた？？）。

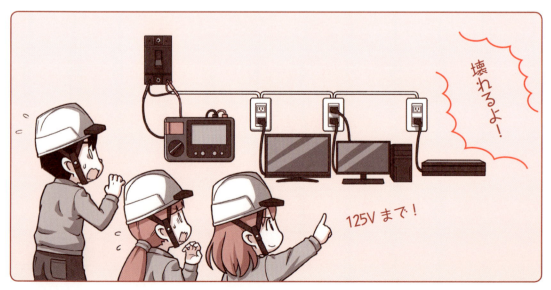

5 絶縁抵抗計で感電！

ハカル：先輩、絶縁抵抗計に裏切られました・・・。

サナエ：？？

サクラ：どうしたん、ハカルくん？

ハカル：絶縁抵抗計を触ったら、ビリッと感電しました・・・。

絶縁抵抗計は、プローブに触れると感電するおそれがあります。しかし、一瞬しか電圧がかからないので、大事にはならないです。とは言え、痛い目に遭うのは嫌ですよね。

絶縁抵抗計は、1000Vの高電圧まで発生します。端子の両端を触って電圧を発生させると、もちろん感電します。では、黒色プローブが接地に接続されていて、赤色プローブのみ触れて電圧発生させるとどうなるでしょうか？

これもやはり感電します。地面から人体に入り、絶縁抵抗計に戻るという経路があるので、人体に高電圧がかかります。注意しましょう。

次に、一瞬しか人体に高電圧がかからないことについて説明します。絶縁抵抗から発生した電圧は人体にかかります。人体の抵抗は約1kΩで、その間に高電圧がかかっていることになります。絶縁抵抗計は、電池駆動で出力電圧にパワーがないので、実は短絡に近くになると、規定の電圧を出力できません。よって、一瞬高電圧がかかるのですが、すぐに出力電圧がゼロになってしまいます。

この点は、商用電源を触ってしまった場合と大きく異なります。商用電源はパワーがあるので、1kΩの人体に電流を流し続けることができ感電事故になるからです。

サナエ：ハカルくんの測定器愛は尊敬するけれど、正しく使うことも学ばなきゃ。

ハカル：はぁ・・・い。

6 絶縁抵抗一括測定でわかること

ハカル：！？先輩、今ブレーカを入れたまま絶縁抵抗を測定していましたよね？

 サナエ：そうよ。

ハカル：ブレーカを切らないといけないのでは？

 サナエ：大元を切って一括測定したのよ。

ハカル：？？

　保守・点検のときに、一つずつの分岐ブレーカの絶縁抵抗を測定せずに、大元のブレーカを1回測定するだけで、絶縁を確認することがあります。つまり、大元のブレーカを切って、分岐ブレーカは入れたまま、大元のブレーカの二次側で測定します。これは、大元のブレーカの二次側から負荷に至るまでの電路を一括して測定していることになります。

　この方法で絶縁抵抗を測定するとき、分岐ブレーカを切ってしまうと、大元のブレーカの二次側から分岐ブレーカの一次側までの電路の測定していることになり、意味をなしません。

　もし、一括測定で絶縁抵抗が問題なければ、分岐ブレーカ以下も問題ないということになります。

　逆に、一括測定で絶縁抵抗が小さければ、次に分岐ブレーカを切って一つずつ従来どおり絶縁測定をし、故障の分岐回路を断定します。

　この方法は、保守・点検をするときによく用いられますが、分岐回路すべて測定することを望まれることもありますので、現場指示に従ってください。また竣工検査のときは、一括で測定することはなく、全分岐回路の絶縁抵抗を測定します。

 サナエ：しっかりと理解して測定してね。

ハカル、サクラ：はい！

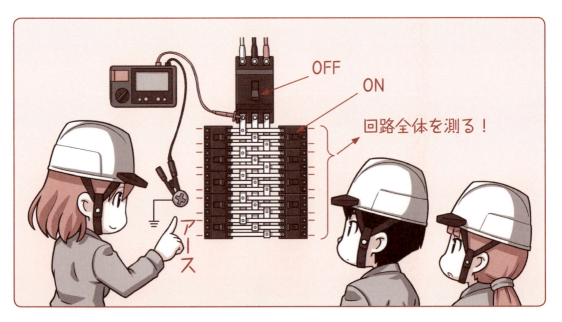

26 ケーススタディ④ ―接地抵抗計編―

今回も測定時に起こるさまざまなトラブルを、ケーススタディから見ていきましょう。

ハカル：接地抵抗測定って苦手なんだよなー。

サクラ：どうしたん？ハカルくんらしくないやんか。

ハカル：測定してるってことが想像できないんだな。

サクラ：そりゃあ電線じゃなくて地面やもんな。

ハカル：プローブをつないで、すぐ測定値が出るわけでもなく、気を付けないといけないこともたくさんあって…。

サナエ：その悩みは、若手電気工事士からよく聞くわよ。

ハカル：先輩はどうやって理解したのですか？？

サナエ：電線を測定するように、直感的なものではないけど、でも原理原則をしっかりと身につけて、基本形をしっかり身につけて。

サクラ：そや、そや、基本が大事やで。

サナエ：もう一度復習！復習！
（第1章⑩⑪⑫参照）

1 接地抵抗値がふらつく・・・

ハカル：うわーっ！！測定値がふらついて止まりません！

サクラ：うわっ、ほんまや。

ハカル：おかしいな、測定ミスはないはずなんだけどなぁ。

　最近のデジタル測定器はノイズに強く設計されているので、測定値が大きくふらつくことはないかもしれません。しかし、アナログの接地抵抗計は測定値がふらふらして定まらないことがあります。この原因の一つは誘導電流（地電圧）です。

　接地抵抗測定の測定プローブは、全長20 mぐらいになります。この測定プローブに並行して高圧ケーブルなどがある場合を考えてみましょう。高圧ケーブルは高電流が流れているので、ケーブルの周りに磁場が発生しています。近くに並行して測定プローブがあると、磁場の影響を受け、測定プローブ内に電流が発生します。これが誘導電流です。

　接地測定は交流測定です。交流の電流を発生させて、そのときの電圧降下を測定し、オームの法則により抵抗を計算しています。一方、高圧ケーブルには交流の大電流ですので、測定プロー

第4章 電気測定器 ケーススタディの巻

ブに発生する誘導電流も交流です。たまたま、接地測定に使用している交流の周波数と誘導電流の周波数が一致したとき、接地抵抗計は間違った値を表示します。これがふらつく原因です。

同様に、アンテナなどの高周波を扱う機器が近くにあるときも影響を受けることがあります。

対策は、高圧ケーブルやアンテナから遠ざけるという方法になります。また、接地抵抗計、特にアナログタイプは周波数を二つ選択できるようになっていますので、ふらつくようでしたら周波数を変更して測定してみてください。

ハカル：こういうのが接地抵抗測定のむつかしさなんだな。

サナエ：なんでも経験よ。同じ現象が起きたときに、しっかりと対処できればいいの。

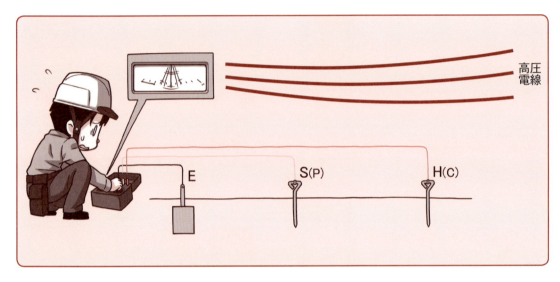

2　補助極の直線距離が取れない！

ハカル：こっちかな？？

サナエ：？？

ハカル：いやあっちかな？？

サナエ：どうしたの？ハカルくん？

ハカル：ちょっと狭くて、直線距離が取れそうにないのです。

　どうしても直線に2本の補助接地棒を打てないときがあります。直線で測定することはもちろん基本ですが、少々「くの字」になっていても大きな誤差にはなりません。ではどれくらい「くの字」になっていればいいかということは、数値化できません。しかし、正しいか考える目安として、次のことは重要です。

①E－H（C）間をなるべく離すことを優先する

　EとH（C）が近ければ、電位が平らな部分がなくなりますので、正しい測定はできません。EとS（P）間を10m離して、S（P）とH（C）間を10m離すという図をよく見かけます。

　極端な例で話しますと、10mだけに着目すると正三角形でもいいことになります。つまり、このときEとH（C）間は10mしかありません。

26 ケーススタディ④ ―接地抵抗計編―

すると、電位が平らな部分がなくなり正しい測定ができません。しかし、それなりの測定値が表示されてしまうところが接地抵抗測定の難しいところです。

② E－H（C）間のちょうど真ん中あたりに、S（P）の補助接地棒を打つ

E－H（C）間の距離が十分とれると、次に考えることは、S（P）を打つ位置です。「くの字」になっているかどうかを意識して測定するよりも、E－H（C）間の真ん中あたりにS（P）を打つことを優先させて考えます。電位分布図から、S（P）がEやH（C）に近づくと、間違った測定値になることがわかります。電位が平らな部分は、目に見えてわかるものではありませんが、それをねらってS（P）を打ちます。

わからなければ、何度か測定することをお勧めします。大きく「くの字」になっていると感じたら、S（P）をEやH（C）に少し近づけて測定し直したり、もっと「くの字」にして測定します。このとき、測定値にそれほど変化がなければ、どの測定も電位が平らな部分で測定できていることになり、正しい測定と判断できます。

 サナエ：H（C）の補助接地棒をなるべく遠くに打つことが大切よ。

 ハカル：電位が平らなところを作りたいからか！！

サクラ：原理原則！

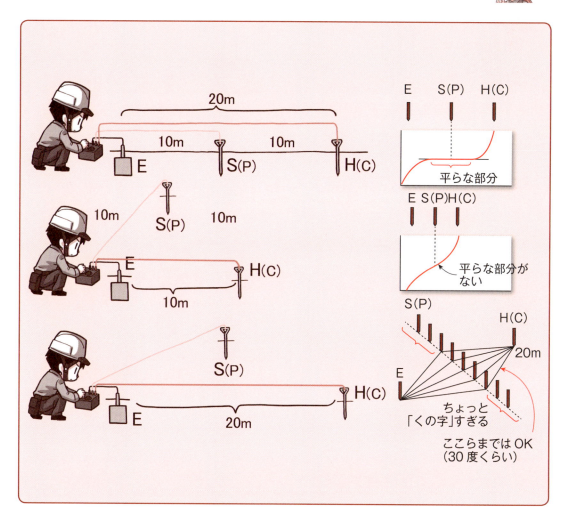

第4章 電気測定器 ケーススタディの巻

3 補助接地棒の順番が違う！

ハカル：先輩。測定値は既定値以下でOKです。

サナエ：だめよ！ハカルくん。

ハカル：えっ、なんで？？

サナエ：よくプローブをたどっていって。

ハカル：あっ、プローブの順番が間違っている！！

プローブの接続先を間違えると、もちろん間違った測定値が表示されます。しかし、間違った接続方法でも正しいように見える値が表示されることがあります。接地抵抗は、感電事故を防止する重要な測定です。間違った測定値で判断してしまうと、大変なことになります。

では、なぜ接続先を間違えると正しく測定できないのでしょうか？次の図は、S（P）とH（C）を入れ替えた場合の電位分布を示しています。正しい測定の場合と全然違いますよね。

S（P）を打った位置の電位がたまたま正しい接続と同じような電位だった場合、似たような値が表示されます。しかし、明らかに間違った値です。他の間違った補助接地棒の順番でも同様なことが起きますので、注意しましょう。

サナエ：ね？接地抵抗測定は奥が深いでしょ？

ハカル：はい。でも原因がわかれば、いろんな場面で応用できます。

サナエ：そうね。ハカルくん成長したね！！

ハカル：（デレデレ）

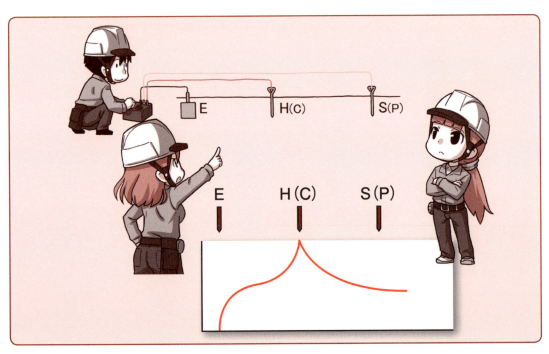

❷⑥ ケーススタディ④ ―接地抵抗計編―

4 E－P－C？？ E－S－H？？

ハカル：うーん。

サクラ：どうしたん？ハカルくん？

ハカル：接地抵抗計の端子の並びって3電極法の並びと同じだから、わかりやすいんだけど・・・。

サクラ：色付けもされているしね。

ハカル：でも端子に書いてある、EとかPとかCって何の略なの？

サクラ：私のは、SとかHって書いてある。

サナエ：（はっ！！私もわからない・・・）

　接地抵抗計のJIS（日本工業規格）であるJIS C 1304の中で、端子名がE、P、Cと決まっていました。Eはアース（接地電極、Earth）の略。電流注入するC極（電流極、Current）、電圧測定するP極（電位極、Potential）の略です。

　しかし、JIS C 1304が2012年に廃止になり、その代わりに国際規格IEC 61557-5に基づき、測定器メーカーは、接地抵抗値を設計しています。国際規格で決められている端子名が、E、S、Hとなります。最近発売された接地抵抗計の端子には、E、S、Hと書かれています。

　では、これらの端子名称は何の略でしょうか？実は語源はドイツ語になります。

電極	JIS C 1304	IEC 61557-5
接地極	E (Earth)	E （［独］Erder、接地）
電位極	P (Potential)	S （［独］Sonde、プローブ）
電流極	C (Current)	H （［独］Hilfserder、補助接地）

ハカル：へぇー。ドイツ語だったんだ。

サクラ：てっきり、Hはハカルくん、Sはサクラだと思った。

サナエ：（Sはサナエでもいいよ）。

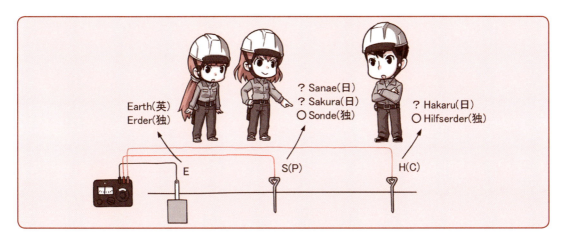

第4章 電気測定器 ケーススタディの巻

5 P、C端子が用意されている場合

ハカル：先輩、ここにP端子とC端子があるけれど、これはなんですか？

サナエ：接地抵抗を測定しやすいように、補助接地極を用意してくれているのよ。

ハカル：なんて親切な！！だれがやったの？？

サナエ：建物を建てたときに、施工してあるのよ。

　主に大きな建物の場合、補助接地極が用意されていることがあります。建物を建てるときに保守検査を見込んで施工されています。建物の規模や接地方法にもよりますが、建物から離れた所にP極とC極が打ち込まれています。

　測定方法は、P端子に接地抵抗計のS（P）を接続。C端子にH（C）を接続すればいいです。後は測定したい接地極をEに接続します。補助接地極を打つ必要がなく、非常に短時間で測定することができます。

　また、測定する条件が天候を除けば一律になりますので、測定間違いや、測定者による操作誤差がなくなることも特長です。

　すごく稀なことですが、P端子、C端子の先が老朽化で切れていたり、接続されていなかったりすることもありますので、過信は禁物です。このとき、補助接地極の抵抗が大きいので、測定できません。

ハカル：親切な人がいるもんだね。

サクラ：すぐに測定できて、ラッキーやったね。

26 ケーススタディ④ ―接地抵抗計編―

6 補助接地棒の深さ

ハカル：カーン！カーン！

サナエ：そんなに力強く叩くと、折れるわよ。

ハカル：補助接地棒ってどれだけ挿せばいいんでしょうか？

サナエ：それは、土の状態によるのよ。

ハカル：土の？？

ハカル：カーン！カーン！

サナエ：だから叩いたら、ダメって！！

　補助接地棒は、どれくらい深くまで挿せばいいでしょうか？濡れた砂なら体重をかけると、ズボッと挿さることもありますし、石や粘土質の所では苦労するでしょう。そもそも、なぜ深く挿す必要があるのでしょうか？

　接地抵抗計から電流を出力して電圧測定していますが、接地抵抗計は電池駆動ですので、出力電流の容量に限界があります。大きな抵抗になれば、電流容量の大きな電源が必要になります。

　補助接地棒を深く地面に挿せば、土との接触面が増え、補助接地棒の接地抵抗が下がりますので、電流が流れやすくなります。深く挿すには最悪条件としてハンマーで叩く場合がありますが、推奨はしません。斜め方向に力が加わると補助接地棒を破損することもあるので、注意が必要です。そもそも叩かなくても測定できるほうが、作業時間を考えてもよいです。

　一昔前の接地抵抗計と比較しても、最近の測定器は大きな電流を出力できるようになっています。また、補助接地棒の接地抵抗も表示できる接地抵抗計もあります。土の状態によるところが大きいですが、どれくらい挿せばいいか、感覚を身につけておきましょう。ハンマーで叩かなくても意外と少し挿すだけで、測定できることが多いです。ちなみに仕様書には、「補助接地極の許容抵抗」を見ると、許容できる抵抗の大きさが書かれています。

ハカル：あれ？意外と測定できるんだ。

サナエ：そうよ。測定器も進歩しているんだから。

サクラ：なんで深く挿すかがわかれば、やり方も変わるね。

ハカル：測定器を信じなかった自分が悪かった。もう叩かないよ。

サクラ：ニヒヒヒヒ。

119

7 ２電極法で低抵抗を測定

サナエ：ここの接地は、２電極法で測定していいよ。

ハカル：ということは、補助接地棒を差さなくていいんですね。

サナエ：そういうこと。前回の点検で家主さんに許可もらっているからね。

ハカル：？？なぜ、２電極法が使えない所があるんだろう？？

接地工事をした後の接地抵抗測定では、３電極法、つまり補助接地棒を差す方法で測定します。しかし、保守のための測定においては、２電極法を使用することがありますが、どんなときでも２電極法を使用できるわけではありません。では、どのようなときに使用できるか、測定原理から考えていきましょう。

２電極法は、補助接地棒を差す代わりに、既存の接地を使用します。測定電流の経路としては、接地抵抗計→測定したい接地→補助接地棒の代わりの既存の接地→接地抵抗計となります。２本の接地を使用する測定方法であるので、２電極法と呼ばれます。ここで測定される値は、２本の接地抵抗の合計であることに注意してください。測定した接地の抵抗のみを測定できる３電極法と比べて、正確さに欠けます。

次に、補助接地棒の代わりに使用する接地の抵抗値が、測定したい接地抵抗に比べて大きい場合を考えてみましょう。二つの接地抵抗の合計が測定されますので、この場合、測定したい接地抵抗値が埋もれてしまって、正しく測定できません。

よくある例として、Ｂ種接地を補助接地棒の代わりに使用して、Ｄ種接地を測定する方法です。Ｂ種接地は電力会社により与えられていたり、３電極法により測定した値が刻印された銘板が付いている場合があります。

それに対して、Ｄ種接地は一般的にＢ種接地より大きな値です。この場合、Ｄ種接地測定に２電極法を使用することが可能です。

また、接地極付きコンセントで接地が接続されているかを確認するために、２電極法で測定することがあります。正常に接続されていると、コンセントのＮ（ニュートラル極）がＢ種接地、Ｅ（接地極）はＤ種接地に接続されていますので、Ｎ極とＥ極間で２電極法によりＥ極が接地されているかどうか確認することができます。

ただし、コンセントが間違った配線工事をされていると、測定器に異常な電圧がかかり、ブレーカが落ちたり測定器を壊すこともありますので、まずは、正しく配線工事をされているか確認してください。

サナエ：・・・ということよ。

ハカル：なるほど、わかってしまえば簡単なことですね。

２電極法で測定すると…
| Ｄ種 | Ｂ種 | 測定値 |
Ｘ ＋ ５Ω ＝ 205Ω
205Ω － ５Ω ＝ 200Ω
Ｄ種の値は 200Ω！

㉖ケーススタディ④ ―接地抵抗計編―

8 接地網の使い方

ハカル：見渡す限り土がありません。土が恋しいよぅ？

サクラ：うわっ、ほんまや。どないしよ？

サナエ：こんなことがあるから、備えておかないといけないのよ。

サナエさんが取り出したのは、延長ケーブルと接地網です。まずは延長ケーブルを試すようです。補助接地棒を遠くに差しても、接地抵抗の値は変わりません。電位の平らな部分の距離が長くなるだけだからです。

そこで、いつも使用しているケーブルを延長して、いつもより遠くに補助接地棒がさせる土があるかどうか探します。距離は長くなりますが、正しく3電極法で測定できます。

それでも土がない場合に、役立つ道具が接地網です。これは極細の電線を編み込んだ網です。土が見当たらない場合、舗装された道路上に補助接地を設置することができます。ただしアスファルト舗装では、使用できない場合があ

ります。

使い方は、まず舗装路に接地網を置きます。その上に補助接地棒を置き、水をかけるだけです。これで、補助接地棒と同等の効果が得られます。接地棒のように接地する面積が狭いものではなく、接地網のように広くなればなるほど、抵抗は小さくなります。また、水をかけることにより、密着がよくなり抵抗が小さくなります。これで、補助接地棒を地中に差すことと同等の効果が得られます。

先ほどアスファルトには使用できないことがあると述べましたが、その理由はアスファルトは水が浸透しないからです。それに対しコンクリートが最も適しています。また、マンホールを使用する方法があります。マンホールの上に先ほど説明した方法で接地網を使用すれば、接地抵抗を測定できることがあります。

ハカル：備えあれば憂いなし。

サナエ：そのとおり！！

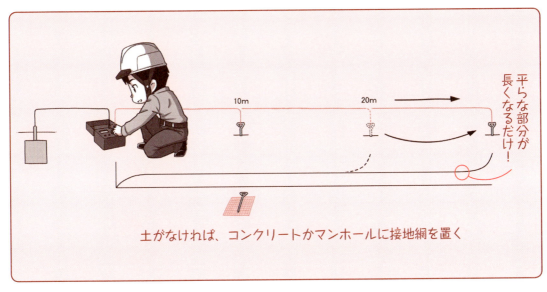

土がなければ、コンクリートかマンホールに接地網を置く

9 タフな現場に防塵・防水仕様

サクラ：雨止まへんなぁ。

ハカル：せっかく補助接地棒を打ったのに、雨が降り始めるなんて。

サクラ：早く止まへんかなぁ。

サナエ：そうよね。雨が降っているときの作業は危ないし、測定器は濡らしたら壊れるし。

ハカル：うーん。

サナエ：でもね・・・。

悪天候の中、作業することは非常に危険です。また測定器は精密機械ですので、水や埃に弱く、使用禁止です。しかし、接地抵抗計は屋外で使用し、さらに測定器にとって悪いことに舗装された場所ではなく、土、泥、水溜りがある場所で使用することが少なくないです。これほど、過酷な環境で使用する測定器はないと思います。

屋外環境で使用できるように、最近、防塵防水されている接地抵抗計が登場しました。雨に濡れても壊れない構造になっています。やむを得ず雨天で測定しなければならないときには、非常に役立ちます。そして、もし測定器が泥などで汚れたときに水洗いできます。

防塵防水に対応しているかどうかは、仕様書に書かれています。防塵防水のレベルに応じて、IP保護等級という数字が割り当てられています。これは国際規格で決められていて、測定器だけではなく、時計や衣服、カバンなどで見かけることがあると思います。

IP 67なら粉塵の侵入がなく、1mの水中に30分間耐える性能を持っています。水で汚れを落としても、問題ないレベルと言えます。ただし、使用状態における性能であって、電池蓋が開いた状態では防塵防水性能がありません。また、30分以上の水につけ置きすることやお湯を使用することは、浸水の原因になります。

防塵防水性能がない測定器は、IP保護等級が決まっていないか、IP 54が多いです。これは、いわゆる生活防水程度ですので、手を洗っているときに少し水が飛んでしまったという程度の性能です。

IP規格	固形物体に対する保護	水の浸入に対する保護
IP 54	粉じんからの保護	水の飛沫によって、有害な影響を受けない
IP 67	完全な防じん構造	規定の圧力、時間で水中に没しても水が浸入しない

ハカル：うわぁ、かっこいいぜ、接地抵抗計！！

サクラ：そうやんね。接地抵抗計はどろんこになるもんね。

IP67なら...
雨でも大丈夫！

コラム③：習慣付けよう！始業前点検

ハカル：さぁさ、今日もバリバリとハカルぞっ！！

サナエ：始業前点検はやったのっ！！

サナエ：ちょっと待ったーっ！！

ハカル：！！すみません・・・。

ハカル：！！

　どのような道具も手入れや点検を怠れば、本来の力を発揮できません。電気計測器は目に見えない電気を数値化して、安全か危険かを判断する道具ですので、その重要さを理解できると思います。

　悪い例として、本体が少し割れている測定器を使って100Vを測定することを考えてみましょう。測定器で測定するということは、測定器の内部に危険な電圧を入力するということです。この場合、危険な電圧は100Vです。本体に割れがあると、そこから100Vが漏れ出てくる可能性があります。その電圧に触れると感電事故となります。

　始業前点検の項目は次のように分類できます。

	症状例	点検方法
1．外傷がないか？	・計測器本体：割れ、傷、表示欠け、ねじなどの欠落 ・プローブのケーブル：割れ、傷	・外観点検
2．電池の消耗	・正しく測定できない ・デジタルの表示が付いたり消えたりする ・ブザーが鳴らない	・電池残量の表示(デジタル表示の測定器) ・電池点検機能(検電器やアナログ表示の測定器)
3．内部回路の故障	・正しく測定できない ・測定していないときにゼロにならない ・ボタンが効かない ・プローブの断線	・値がわかっている箇所(例えばコンセントの100V)を測定する ・測定端子をプローブで短絡させて導通を確認する

　どのような測定器でも測定作業に入る前に、少なくともこれらの点検が必要です。

〈著者略歴〉

宮田 雄作 （みやた ゆうさく）
日置電機株式会社 技術部
1997年入社．医療機器の電気安全試験器などを開発．その後，テスタやクランプ電流計など，現場測定器の商品企画を担当．お客さまの現場をよく知るために，全国を奔走する．また，測定器の使い方講座などのセミナー講師も務める．
その経験から，2016年4月から2018年10月までオーム社「電気と工事」にて「ハカルと学ぼう！電気測定入門」を連載（本人もドクターミヤータとして登場）．
現職は，もっと現場作業を楽にしたいという想いから，測定器とIoT技術を組み合わせたGENNECT（ジェネクト）シリーズのマーケティングを担当する．
「現場に強く．もっと強く．」がモットー．

- 本書の内容に関する質問は，オーム社雑誌編集局「（書名を明記）」係宛，書状またはFAX(03-3293-6889)，E-mail(zasshi@ohmsha.co.jp)にてお願いします．お受けできる質問は本書で紹介した内容に限らせていただきます．なお，電話での質問にはお答えできませんので，あらかじめご了承ください．
- 万一，落丁・乱丁の場合は，送料当社負担でお取替えいたします．当社販売課宛にお送りください．
- 本書の一部の複写複製を希望される場合は，本書扉裏を参照してください．

JCOPY ＜出版者著作権管理機構 委託出版物＞

現場がわかる！電気測定入門
―ハカルと学ぼう！ 測定のキホン―

2019年8月21日　第1版第1刷発行

著　者　宮田雄作
発行者　村上和夫
発行所　株式会社 オーム社
　　　　郵便番号　101-8460
　　　　東京都千代田区神田錦町3-1
　　　　電　話　03(3233)0641(代表)
　　　　URL　https://www.ohmsha.co.jp/

© 宮田雄作 2019

組版　アトリエ渋谷　　印刷・製本　日経印刷
ISBN 978-4-274-50741-0　Printed in Japan

現場でのリアルな電気工事がわかる！

現場がわかる！電気工事入門
―電太と学ぶ 初歩の初歩―

電気工事士は、最近話題のスマートグリッドや節電対策、電気自動車、再生可能エネルギーなどにも関連し、その資格受験者も増えています。
この本では、電気工事士初心者の電太君の目を通して、現場での実際の電気工事を紹介しています。

■「電気と工事」編集部 編
■B5判／128頁
■本体1,500円（税別）
ISBN 978-4-274-50364-1

好評発売中！

■主要目次
1. 電気工事の仕事を知ろう！
2. こんなことまでやってる電気工事
3. 完成に向けての仕上げ工事
4. 電気工事、腕の見せ所！

Ohmsha

電気設備工事現場代理人のリアルがわかる！

現場がわかる！電気工事 現場代理人入門
―香取君と学ぶ 施工管理のポイント―

大きな建物の電気工事には必ず必要になる、現場代理人。その仕事はいったいどのようなものかを、新人現場代理人香取君の視点で解説します。

■主要目次
第1章　最初が肝心！　事前準備
第2章　日々行う　管理業務
第3章　完成に向けて　施工管理

■志村　満 著
■B5判／144頁
■本体1,700円（税別）
ISBN 978-4-274-50631-4

好評発売中！

Ohmsha

拾って覚える！実践 電気工事積算入門

■福岡県電気工事業工業組合 編　■A4判・128頁
■本体2,300円（税別）　ISBN 978-4-274-50697-0

電気工事の積算実務の基本を伝授！

　電気工事を行う際に必要な積算業務は初心者の修得が難しいもののひとつです。
　そこで本書では、実際の図面を使って「拾い出し作業」をしながら、積算業務を体験的に理解していきます。
　福岡県電気工事業工業組合で行われている、満足度90％と評価の高い、初心者積算講習会のエッセンスをそのまま書籍化しました。

主要目次
- 第1章　拾い出す前の　積算の基礎知識
- 第2章　積算実践！実際の図面を拾い出してみよう！
- 第3章　ここまでやって完成！見積書の作成
- 第4章　まだまだレベルアップしたいあなたへ　積算で使える資料

—Ohmsha—

現場でチェック！　初めての工事がスムーズに！

電気工事現場チェックの勘どころ

ポケットハンドBOOK

■（株）きんでん編
■B6変判／146頁
■本体1,700円【税別】
ISBN 978-4-274-50558-4

　（株）きんでんの現場代理人による長年の現場ノウハウをポケット版とコンパクトにまとめました。初めて工事を取りまとめるときも携行しておけば、現場の休み時間、通勤時間‥‥とどこででもチェックが可能。一つ上の技術を素早く身につけることができます。現場代理人初心者が、必ず"身につけておきたい"一冊です。

—Ohmsha—

カラー版 自家用電気設備の保守・管理
よくわかる測定実務

■田沼 和夫 著　■A5判・224頁
■本体2,600円（税別）　ISBN 978-4-274-50592-8

本書は、自家用電気設備の保守・管理の現場で使用する基本的な測定器や便利な測定器を取り上げて、それらの測定原理から取扱い方法、測定上の注意点まで、具体的に解説しています。又、そのポイントや注意点が理解しやすいように、カラー写真や図でよくわかるようにしています。

■主要目次
- 第1章●測定の基礎
- 第2章●電流測定
- 第3章●絶縁抵抗測定
- 第4章●接地抵抗測定
- 第5章●温度測定
- 第6章●電源品質測定
- 第7章●ブレーカ・ケーブルの事故点探査
- 第8章●環境・省エネ測定
- 第9章●電気安全・その他
- 第10章●測定器の管理

Ohmsha

絵とき　最新測定技術から、ネット検索でも出ない計測まで
電気設備の現場試験・測定テクニック（改訂4版）

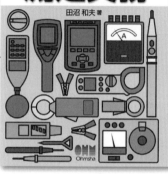

本書は、大型発電設備からビル、自家用の電気工作物まで、様々な電気設備の工事・運転・保守に関わる計測を取り扱った本です。教科書や資格試験の情報だけではわかりにくい現場の実態を、豊富な図解で具体的に解説。初心者から現場の電気技術者まで幅広い方におすすめです。今回の改訂4版では、新たに太陽光発電システムに関わる計測など最新の機器も紹介し、さらに網羅性が高まりました。

■主要目次
1. 測定実務の基本テクニック
2. 電気設備の測定・試験テクニック
3. 人と機器に優しい環境の測定テクニック
4. 電気機器の測定テクニック

■竹内 則春 著、熊谷 文宏 著　■B5判・170頁　■本体3,000円（税別）　ISBN 978-4-274-50598-0

Ohmsha